超強 MBTI 致勝法則
全方位開啟改變的原動力

天賦覺醒

李亮——著

唯一附贈
MBTI
專屬測量表
隨走隨測

目錄

第一部分　向內管理　041

第一章　堅忍不拔的SP型人　042

MBTI將技藝者界定為「感知敏銳者」，簡稱SP型人。這種類型的人天賦是「適應性強」、「具備天生的優勢」、「運動神經發達」、「接受現實並靈活應對」、「思想開放且包容」。在行動上，SP型人傾向於經濟實惠的行動方式，不喜歡循序漸進，卻具備運用工具的天賦。總之，SP型人懂得「享受生活」。

◆思維1：能夠務實地面對一切　044
◆思維2：總是對未來保持樂觀　045
◆思維3：回望過去時，抱著不以為意的態度　046
◆思維4：總是從「這裡」開始　048
◆思維5：一切都從「現在」開始　048
◆思維6：天生興奮　049
◆思維7：信賴衝動　051
◆思維8：渴望影響力　052
◆思維9：追求刺激　053

第二章 溫良泛愛的NF型人 056

MBTI將理想者界定為「理想主義者」，簡稱NF型人。這種類型的人熱愛理想、真理、正義、正直和美德，甚至願意為之獻身。同時，NF型人大都熱情奔放，且對所有的人都不吝惜自己的讚美之詞。所以，我們常常會渴望被他們的熱情所感染，並「覬覦」他們的讚美。

第三章 深思熟慮的NT型人

MBTI將理性者界定為「憑直覺思考」型的人，簡稱NT型人。這類型的觀點及行為方式都較為「抽象」，且「善於分析」，有「較強的能力」。同時，NT型人思想複雜，對凡事都感到很「好奇」，注重高效率的他們對所有事情的要求都十分「嚴格」，而且他們自身極其聰穎和獨立，與生俱來擁有很強的創造力和邏輯能力。他們通常具有較高的「科學素養」、「做事有條理，喜愛鑽研且擅長理論工作」。

第四章 審慎克己的SJ型人

MBTI將護衛者定義為「憑感覺決定」的人，簡稱SJ型人。這種類型的人性格「保守」，能夠「持之以恆」，因此值得「信賴」。SJ型人注重細節和實際，工作勤奮且任勞任怨，有耐性，不屈不撓，循規蹈矩，感知力強，且「可靠」。他們既是秩序和規則的捍衛者，也是意志堅定的支持者。

第五章 請理解我們

假如你願意大度地包容我的渴望或信仰，或是寬容地接納我的情緒、需要或行為。那麼，你便為自己的人生開闢了一種新的可能。也許，有一天，你會覺得我的這些思維及行為方式並不像你當初認為的那樣；或者，最終，你會覺得它們看起來似乎並沒有任何不妥。請記住，要理解我，首先需要包容我。

第二部分　向外管理

第二部分　向外管理　121

第六章　如何積極有效溝通　122

溝通指的是彼此之間相互傳遞訊息、思想和感受。良好的溝通是雙方尊重和信任得以建立的基礎。人們有各種各樣的理由來進行溝通，比如為了使他人瞭解並理解自己，或者希望對他人的態度以及行為施以一定的影響。但是在現實生活中，溝通雖然經常被人們提及，但是又常常遭到人們的忽視，沒有給予它應有的重要位置，甚至還覺得這是理所當然的事。

1　為什麼我們總是被人誤解　123

2　理解失真濾鏡的作用　128

◆策略1：大膽直接，描繪戰略藍圖　128

◆策略2：活潑樂觀，講述動人的故事　133

◆策略3：坦誠優雅，給予讚美　137

◆策略4：嚴謹高效，自信而富有邏輯　140

◆策略5：隨和謙遜，照顧各方利益　144

第七章 如何有效回饋

要想表達自己的觀點，有效回饋，就需要有同理心，以他人的立場換位思考，要真心地嘗試傾聽和理解他人之言。做一個積極的傾聽者，然後給予對方有品質的回饋。需要在開口前進行思考，遣詞用字不單單表達自己的觀點，也要從對方的角度思考問題。

第八章 如何控制衝動的情緒 187

每次感到憤怒都是一個早期的警訊，預示著這段關係中未來可能發生的危機。如果在建立關係的早期沒有彼此交流，理解雙方在未來期望方面的差異，那麼心中不斷積累的怒火，終將不可避免地爆發。因此，我們應該儘早交流，這樣當對方情緒產生不滿時，我們就能選擇和控制自己的言行舉止。

【圖解】MBTI 十六種人格類型

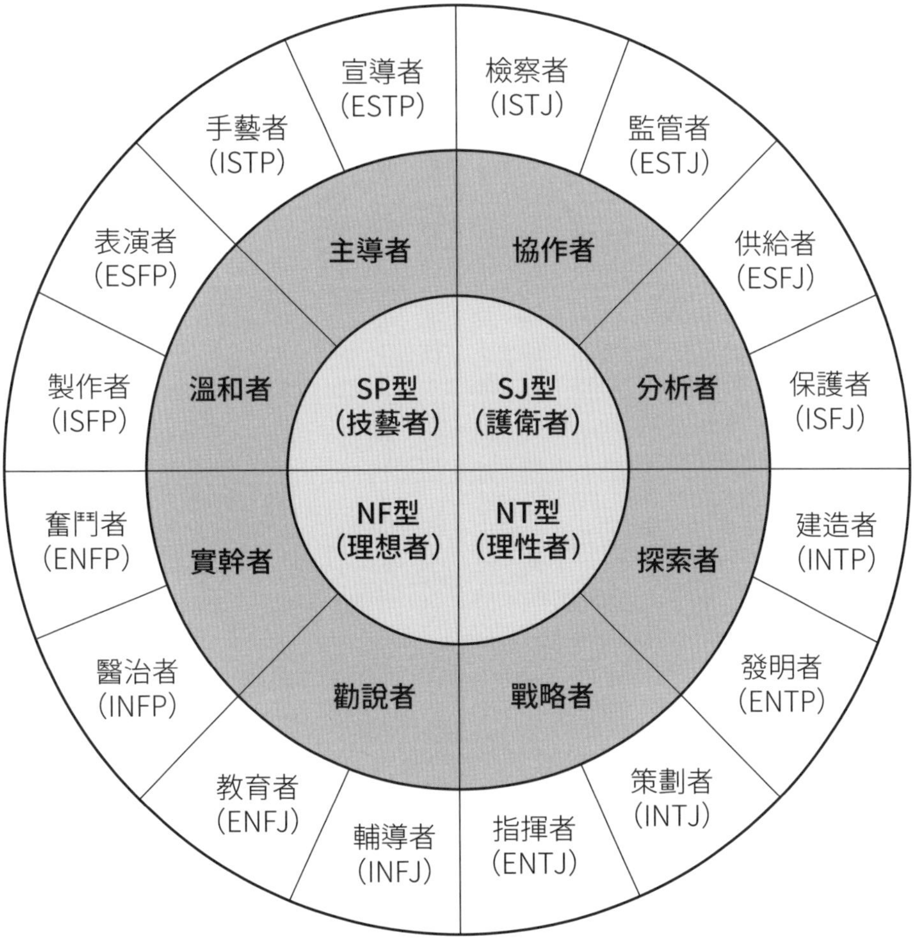

SP型
(技藝者)
SJ型
(護衛者)
NF型
(理想者)
NT型
(理性者)
主導者
協作者
溫和者
分析者
實幹者
探索者
勸說者
戰略者
宣導者
(ESTP)
檢察者
(ISTJ)
手藝者
(ISTP)
監管者
(ESTJ)
表演者
(ESFP)
供給者
(ESFJ)
製作者
(ISFP)
保護者
(ISFJ)
奮鬥者
(ENFP)
建造者
(INTP)
醫治者
(INFP)
發明者
(ENTP)
教育者
(ENFJ)
策劃者
(INTJ)
輔導者
(INFJ)
指揮者
(ENTJ)

讓天賦覺醒，全解MBTI四大類型人格

我們每個人都是不同於其他人的獨特個體。我們的天賦、思想、感受、渴望、價值觀及信仰都各不相同，而我們每個人的言行舉止，更是迥然不同。人與人之間的差異無處不在，只要我們願意發掘，就不難發現它們的蹤影。

然而，個人行為觀念上的差異，常會引發我們的不同認知。每個人本來就沒有理由去改變任何人，因為人與人之間存在差異這一事實，對我們每個人來說，也許是件好事。

在現實層面上，MBTI是探索自我天賦和認知他人行為的絕佳途徑。雖然MBTI把人細分為十六種人格類型，理解起來較為繁複，但還好，美國心理學家大衛・凱爾西（David Keirsey）提出了「凱氏氣質分類法」，提綱挈領出四大人格類型範疇（如左圖），讓每個MBTI使用者可據此更快深入MBTI的精髓，也幫助大家跳脫出「E型人」和「I型人」分類太過簡單的迷思。

我們不需要去改變別人，只需要讓天賦覺醒，認識自我和他人。如果一個人步調沒有和同伴保持一致，請不要驚訝與憂慮，因為這很可能是因為他聽到了另一種不同的鼓點聲。無論其他人的步伐有多麼整齊，也無論路途有多麼遙遠，就讓我們按照自己所聽到的音樂節奏前進，因為人人生而不同，各有天賦，我們每個人都是不一樣的擊鼓手。

【全解】MBTI 四大類型人格

類型	SP	NF	NT	SJ
基本傾向	快步調 任務導向	快步調 人際導向	慢步調 人際導向	慢步調 任務導向
最大優點	行動果斷 主控能力強 重視成效 自信 獨立 喜愛冒險	有情趣 積極參與 熱忱 情緒化 樂觀 善於溝通	耐心 隨和 有團隊精神 情緒穩定 穩重 團隊合作能力強	精準 善於分析 注重要點 高標準 注重細節 自制力強
缺點	缺乏耐心 固執 說話過於直接 魯莽	欠條理 不拘小節 容易脫離現實	優柔寡斷 過於妥協 被動 敏感	吹毛求疵 完美主義 容易諷刺他人
溝通風格	單向溝通 直白 以結果為導向	積極 激勵人心 能言善道	雙向溝通 善於傾聽 堅定有力 善於回應	機智圓滑 觀察入微 重視細節
內心的恐懼	被利用	失去社會認同	缺乏安全感	無法專注 被批評
喜歡的語言	佩服	接納與贊同	欣賞	肯定
壓力反應	過於控制他人， 變得強勢或 要求過多	情緒起伏大， 但會避開正面衝突	默默承受， 壓抑情緒， 可能採取被動攻擊	選擇逃避或退縮， 必要時準備反擊
對金錢的看法	代表權力	象徵自由	愛的象徵	提供安全感
決策模式	迅速	衝動	重視人際關係	猶豫不決
工作風格	憑感覺行事	信任他人	需要大量資訊	
最大需求	接受挑戰 變化 選擇 直接答案	娛樂活動 社會認同 從細節中解脫出來	穩定性 適應變化的時間 快速得到認同	充裕時間完成任務 事實真相 分析的時間
重振精神的方式	進行運動或健身	社交時間	閒暇時間	獨處時間

引言　用你自己的聲音唱歌

陸家奇是一位精明而成功的職業經理人，三十六歲，在一家大型資訊公司工作，從基層做起，研發、售前、銷售都歷練過，最後做到集團行銷中心的總監，負責整個公司市場管理工作。由於工作出色，他最近被管理層任命為主管人力資源的副總裁，負責公司人才發展。

陸家奇認為自己工作效率高且有活力。除此之外，在工作中，如果同事或供應商有意欺騙自己，他會立即指正。他非常看重秩序和規則，對工作品質的要求更是到了吹毛求疵的地步。他不喜歡與工作無關的社交活動，對別人的錯誤，總是毫不留情地批評。這樣的性格，讓他雖然工作出色，職位不斷提升，但人際關係卻很糟糕，同事和下屬總在背後說他：「冷漠、不近人情、太過追求完美、喜歡吹毛求疵」。

其實，我們不該認為陸家奇不喜歡與人交往。他也喜歡參加聚會，只是如果與會的人和他行事作風大不相同，或者聚會的形式不合他意，或者在工作上沒有特別緊密的關係，他很快就會感到厭煩。對於他這樣的反應，我們不要感到驚訝，因為這是SJ型人的特點，他們以任務為導向，精確細緻、看重細節、善於分析、自制力強，對自己和別人都是以嚴格的高標準來要求。但是過於要求完美，就會顯得對人對事都會很挑剔。另外，他也偏好獨立思考問題。

幸運的是，陸家奇有一位副手，從他開始擔任部門經理時就一直從旁協助他的工作。這位助手總是替他出面周旋，協調陸家奇與同事的緊張關係，使他能專心而順利完成任務。

這位助理叫丁麗雅，是個喜歡人際交往的女孩。她為人熱情、積極參與、樂觀，善於協調、鼓勵和溝通。每天總是面帶笑容，散發出積極向上的正能量，公司的同事一見到她，總是情不自禁地與她攀談。她也利用這些交流有意地化解陸家奇與同事之間的誤會。員工經常面帶怒氣的從陸家奇的辦公室出來，心中碎念著：「我以後不想再跟他說話了」，但當丁麗雅來到他們面前時，他們的怒氣卻又神奇般地消失了。

丁麗雅是一個以人際為導向的NF型人，她彌補了SJ型人性格上的缺陷。正是NF型人和SJ型人的通力合作，使整個市場行銷中心的員工團結一致，開疆拓土，出色完成任務。

管理階層將陸家奇和丁麗雅列為公司重要的栽培對象，在諮詢顧問的建議下，對他們採取輪調策略，陸家奇被任命為人資長，負責人力管理工作，鍛鍊他的人際交往能力。而丁麗雅則接替陸家奇的職務，擔任行銷中心總經理。陸家奇上任的第一件事，就是處理G事業部研發團隊的一起人際衝突。

劉偉是這家公司G事業部電信研發部的軟體工程師，他堅持認為自己受到上司周海的利用與欺壓。劉偉這樣描述他的處境：

周海身為主管，他是如何與我和其他同事競爭，這對於周海的自尊心，及他個人對自己能力的評價至關重要。如果他無法展現出自己是一個技術與才智都十分出眾的上司，他就會覺得低人一等，並懷疑自己是否稱職。為了彰顯作為主管的權威，他一直試圖向我展示如何才能把工作做得更好。例如，他重寫了我所寫的所有程式。他會挑剔某個程式，然後暗示程式中的錯誤是由於我的能力低下和粗心大意所造成的。最後，他全部改寫了我的程式，其中還包括他沒有批評過的部分。這些行為都是他故意抬高自己，用以羞辱我的方式。每完成一個程式之後，我總是感到非常焦慮，因為我知道無論如何努力，周海都是不會滿意的。

情況甚至還會變得更糟，因為周海並不滿足自己僅僅是一個技術出色的主管。他還想表明任何時候，所有東西都應該由他一手掌控。為了取悅周海，我們經常順從他的權勢或屈服於他的自尊，結果是讓他更加為所欲為。他經常讓聽話的員工多做事，從不關心我們的生活，也從不徵詢我或同事的意見。如果我們提出新的想法，周海要不是不當一回事，就是聽也不聽地直接否定我們的意見。他從不告訴我們他有何計畫，也從不向我們解釋為何做出這樣的決定。他只是告訴我們該做什麼，並要求嚴格遵守他的指示。

我們試圖向公司反映這個情況，但一點用也沒有，因為周海欺瞞了高層，讓他們相信他是一個了不起的部門主管。我猜想這是因為他透過壓榨我們，使得生產力較高的緣故，也有可能周海是個趨炎附勢的傢伙，懂得巴結高層。不管公司做出什麼決策，他永遠支持公司的決策，以取悅高層主管。

我想讓周海的名聲一落千丈。於是我經常跟同事說，按照周海的想法與計畫，讓他可以獲得比我們多很多的好處。我還鼓勵女同事們舉發他的職權騷擾。為了抵制他，我開始降低個人的工作效率，儘量花費最長的時間，只求把工作做完就好；我還經常請長假；找各種理由遲到早退；開會時上網；只要有機會，就與周海在技術細節方面公開爭論，也不管他說的對還是錯。但這些不過是我與周海爭執的開端。

現在讓我們看看實際情況，我們請劉偉的同事描述他們工作的環境。如果劉偉的描述屬實，那麼其他人也會對周海欺壓員工的情況表達出同樣的看法。然而，事實並非如此。以下是劉偉的同事們對周海的描述：

> 有時候周海的要求確實是嚴厲了點，但這多半是因為他希望整個團隊能夠取得佳績，並被認為是公司內最好的開發團隊。整體來看，周海是個好主管。他在技術方面是一把好手，經驗豐富，能力出眾，並願意幫助遇到困難的同事。周海非常聰明，能夠理解團隊中多數的軟體工程師所特別擅長的領域，儘管這並非他的專長。他為大家撐起了一把傘，讓團隊成員能夠集中精力，創造性地工作，並找到自己所需的資源。當有人求助於他時，周海總能傾聽下屬的需求；當下屬遭到挫折時，他也能及時給予幫助與安慰，並且確保自己的下屬不會因為任務太過繁重，或者限期太短，而過度勞累。

同事對劉偉的描述則更加直截了當。他們表示：

> 劉偉是個技術普普的軟體工程師，他能被公司續聘的唯一原因，就在於周海重新改寫了他那蹩腳的程式。周海信任劉偉，讓他寫程式，並試圖提高劉偉的專業水準，給他參考書，還建議他到大

學選修課程，包括一門關於《職業溝通與職涯發展》的課程。劉偉把自己的程式遭到重寫「視為」是周海試圖疏遠與小看他。以劉偉的角度來看，他自己寫的程式是完美無瑕的。他告訴我們周海重寫了他的程式，還說周海暗中諷刺他接受的教育不多和沒有上進心，這些都是典型的攻擊，以說明誰才是高手。根據劉偉的說法，周海對自己的領導技巧有一種自卑感，因而必須牢牢控制自己的下屬。劉偉還總是試圖向我們挑撥：「大家與周海的往來，都是受到他欺壓的象徵」。我們也向劉偉解釋，周海確實是為了幫助我們，而不是要我們服從他的個人意志，但是劉偉根本聽不進去。

在我們看來，這好像是劉偉在為了誰是我們這個團隊的「頂尖高手」，而處心積慮地挑戰周海，與他一較高下。由於無論他怎麼跟周海競爭，劉偉都沒辦法贏過周海而獲得晉升。從團隊的發展來看，這是公司的一個正確決定，但卻讓劉偉想挑起更個人、更隱密的衝突。他不斷在背後說周海的壞話，還唆使團隊中的女同事控告周海騷擾她們，但根本是子虛烏有的事。劉偉的工作做得越來越差，以前他僅僅是不夠精確，現在是又慢又不精確。他經常任由一些技術性小 bug 演變成災難性的大問題，最後還是要由周海出面來解決這些問題，甚至將整個團隊都牽扯進去。

劉偉試圖讓我們相信他與周海的競爭是合理的，在這一點他並沒有成功。我們完全也沒看到劉偉所認為的欺壓與不公平。相反，我們越來越認為是劉偉有問題。

劉偉針對周海的攻擊性言行，讓我們和周海都感到很頭痛，我們曾試圖向公司反映，希望將劉偉調離部門，但被周海阻止了。周海仍然在努力拯救劉偉，但是他的耐心是有限的，因為劉偉的不當行為，不僅傷害了周海，還嚴重影響了整個團隊的工作氛圍。我們也留意劉偉對我們的反應，因為我們不支持他的行為和他的「合理化」，我們害怕劉偉也像傷害周海一樣攻擊我們，我們已經向公司提出，希望能讓劉偉離開這裡。

為什麼劉偉和同事對工作環境的表述與分析會有這樣巨大的差異呢？原因就在於劉偉的性格特點，因為他是SP型人。SP型人喜歡權力和控制一切，當他們沒有得到這些時，就會變得沒有耐性、固執、尖刻、專制，喜歡侵犯，最終會演變成攻擊，既傷害對方，也傷害自己。

而周海是NT型人，他們喜歡和諧的工作環境，對人友善，願意幫助和支持別人，儘量避免衝突。他們通常耐心、隨和且穩重，富有團隊精神，對來自別人的指責總是默默承受，忍氣吞聲，希望透過時間和真誠逐漸化解衝突。但這在SP型人看來，卻是退縮和膽怯。周海的性格特點使他避免衝突，沒有及時處理與劉偉之間的不和，這種忍讓反而助長了劉偉的攻擊性，給自己、劉偉和整個團隊帶來壓力。

我們從這四個人身上看到了自己的影子，我們所在的公司也是這樣衝突不斷，由於不同個體沒有滿足他人的期望；或者說對於特定的情況，個人的回應與他人的期望不同，衝突由此產生。

世界上沒有長相和行為一模一樣的人，儘管每個人都與眾不同，但通過人格評價系統，他們的回應方式卻是可以預測的。如果一個人的行為傾向與另一個人不同，的確會產生衝突。但這並非意味著：衝突不可避免。而且，組織與人之間本來就有不同的目標，人與人之間也有巨大的差異，很多時候這些差異反而是彼此緊密合作的基礎。還有一條更好的路可走：以積極的態度對待他人，以瞭解和接納取代消極與拒絕。這樣，我們的職場生活才能更積極、更成功、更有意義。

1 自我認知的第一步：辨別你的ＭＢＴＩ人格類型

每個人都同時擁有個人能力和社交能力。個人能力是自我成長的驅動力，它脫胎於自我意識，包含情緒管理、準確的自我認知以及自信，進而包含自我約束和自我激勵。社交能力即社會認知能力和技巧，是職能提升的驅動力，取決於自身的個體能力。

能夠幫助人們發展個人能力和社交能力最精確且實用的工具，就是「ＭＢＴＩ人格類型理論」。這也是世界上很多大公司，包括ＩＢＭ、惠普、微軟、索尼、迪士尼等，選擇它作為人才管理工具的原因。同時，它也是很多職業人士進行自我發展和職能提升的工具。甚至在政治決策領域，這一工具也備受青睞，比如，美國中央情報局就運用ＭＢＴＩ理論來預測外國領導人的行為。

當然，要想掌握和應用ＭＢＴＩ，我們首先要從八種獨特的人格類型中準確辨別自己究竟屬於哪一類型。**ＭＢＴＩ人格類型分為四大類：SP（技藝者）、NF（理想者）、NT（理性者）、SJ（護衛者）。根據ＭＢＴＩ的四種主要性格類型，ＭＢＴＩ被具體劃分為八種角色模式，這八種模式又包含十六種代表模式。**通過為個性組合增加具體分類，ＭＢＴＩ可對個性做更具體細緻的劃分，而且可以提供如下資訊：

- 主要內在動力：描述這種模式的基本個性和特點。
- 個人天賦：描述這種模式的個人技能。
- 團隊天賦：描述這種模式如何對團隊工作帶來積極影響。

- 潛在能力：描述這種模式與生俱來的與眾不同的潛能。
- 與生俱來的顧慮：描述這種模式的自我保護傾向，一般是個性中的消極因素。
- 失衡表現：描述這種模式優勢的過度發展帶來的危害。
- 壓力下的表現：描述這種模式的自我保護傾向，這種保護可能是積極因素，也可能是消極因素。
- 認知盲點：描述這種模式自身無法認識和察覺的因素，這一項和第六項（失衡表現），通常是造成誤解和人際糾紛的主要因素。
- 需要改進的地方：描述這種模式的主要缺點，尤其是為了減少誤解和摩擦，增進個性的平衡發展，需要改進的不足之處。
- 最佳合作者：指與這種模式互補並能帶來平衡發展的其他模式。

MBTI的十六種角色模式是MBTI四種類型高低不同的組合。在每個角色模式中，MBTI主要類型在個性中占主要地位，而另一種則占次要地位。比如，儘管所有的SP型人都具備行動和戰術性的天賦，但有些SP型人（意志堅定的SP型人）會傾向於成為宣導者（ESTP），另一些（友好的SP型人）會傾向於成為表演者（ESFP）。這樣，每種類型就會演化為四種模式，理解MBTI的十六種代表模式，有助於我們更精確和飽滿的理解自己的類型特點，也能幫助我們更好的與個性不同的人相處。每種模式，都具有十項獨特傾向，認識這些細微差異，能幫助我們更好地理解四種類型的獨特性。

◆SP型人（技藝者）

具有這種人格類型的人，傾向於克服困難，實現目標，塑造自身環境。同時喜歡取得控制權，注重成效。（表一）

根據SP型人的十項獨特傾向，SP型人會演化出兩種亞型，這兩種亞型又包含以下四種模式。（第36頁）

表一　SP型人（技藝者）的特點

SP型人（技藝者）			
主導者		溫和者	
具有SJ型人的某些特徵		具有NF型人的某些特徵	
宣導者（ESTP）	手藝者（ISTP）	表演者（ESFP）	製作者（ISFP）
具有最純粹的高度SP型人傾向	不善言辭，但是最具接受開拓新生事物的能力	傾向於任務導向，但又具有影響他人接受自己觀點的能力	兼具指導和表達的傾向

◆NF型人（理想者）

具有這種人格類型的人，注重帶動他人與自己合作，以實現目標，塑造自身環境。同時這種個性注重培養人際關係，而不是單純完成任務。（表二）

根據NF型人的十項獨特傾向，NF型人會演化出兩種亞型，這兩種亞型又包含著四種模式。（第37頁）

表二　NF型人（理想者）的特點

NF型人（理想者）			
勸說者		實幹者	
具有NT型人的某些特徵		具有SP型人的某些特徵	
教育者（ENFJ）	輔導者（INFJ）	奮鬥者（ENFP）	醫治者（INFP）
具有最純粹的高度NF型人傾向	最具有理性思維，高度的懷疑精神，善於維護和諧	口齒伶俐，兼具部分SP型人傾向，善於接近並打動人心	熱情似火，愛好創造，洞察敏銳

◆NT型人（理性者）

具有這種人格類型的人，注重與他人合作，完成任務，實現目標。同時這種個性喜歡成為團隊的一員，而不是單打獨鬥，他們通常有應付煩瑣事務的天賦。（表三）

根據NT型人的十項獨特傾向，NT型人會演化出兩種亞型，這兩種亞型又包含著四種模式。（第38頁）

表三　NT 型人（理性者）的特點

NT 型人（理性者）			
戰略者		探索者	
具有 NF 型人的某些特徵		具有 SJ 型人的某些特徵	
指揮者（ENTJ）	策劃者（INTJ）	發明者（ENTP）	建造者（INTP）
具有最純粹的高度NT型人傾向，步伐穩健，穩紮穩打	關注的重心是人際關係	具有三種層次的標準：穩定、目標和服從	兼有部分目標導向的特點，關注目標的實現

◆SJ型人（護衛者）

具有這種人格類型的人，追求品質，看重秩序，服從權威，遵守規則。做事講究條理，重視細節。他們喜歡與講究產品（或服務）品質的團隊一起工作。（表四）

根據SJ型人的十項獨特傾向，SJ型人會演化出兩種亞型，這兩種亞型又包含著四種模式。（第39頁）

表四　SJ 型人（護衛者）的特點

SJ 型人（護衛者）			
分析者		協作者	
具有 NT 型人的某些特徵		具有 SP 型人的某些特徵	
監管者（ESTJ）	檢察者（ISTJ）	供給者（ESFJ）	保護者（ISFJ）
具有最純粹的高度 SJ 型人傾向	具有親和力，更願意以助人為樂	口才好，善於合作	客觀，對自己的判斷直言不諱

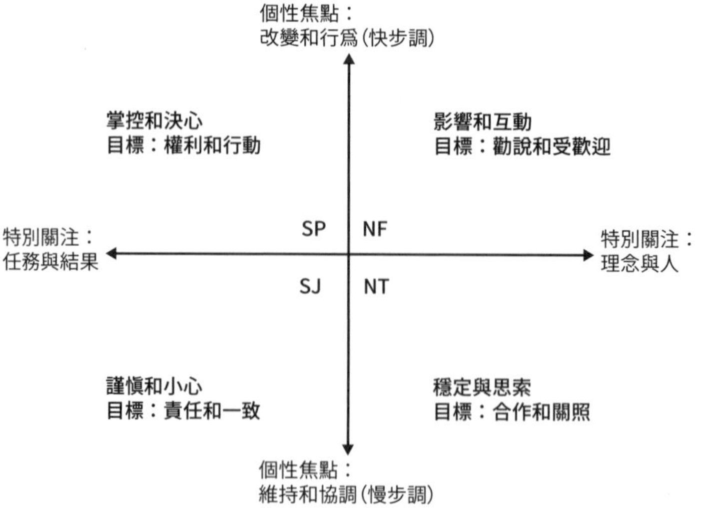
個性焦點：
改變和行爲（快步調）
掌控和決心
目標：權利和行動
影響和互動
目標：勸說和受歡迎
特別關注：
任務與結果
SP
NF
特別關注：
理念與人
SJ
NT
謹慎和小心
目標：責任和一致
穩定與思索
目標：合作和關照
個性焦點：
維持和協調（慢步調）

圖一　MBTI 工具的衍生類型

每個人都隸屬於MBTI中的一種基本型。儘管人們的人格類型終身保持不變，但隨著個人的成長和發展，性格可能會有所改變，變得比較柔和與圓潤，也可能變得更加強硬和單一。本書中提供的資訊和練習可以協助讀者識別自己的人格類型增進自我的認知和瞭解。

在閱讀過程中，讀者可能會發現其中兩種，甚至三種，都比較符合自己的人格類型，這並不奇怪。因為每個人都對應一種核心的人格類型，而每種人格類型都有與之相關的其他三種人格類型的影子。這些衍生的人格類型增加了MBTI工具的豐富性和準確度。（圖一）

讀者在確認了自己所屬的基本類型之後，透過詳細閱讀本書的解說，就能比較輕鬆地理解這些衍生的人格類型。

SP 型人	NF 型人
・喜歡發起行動 ・制定具體目標 ・決定行動的步調	・善用交際能力 ・籌集必要資金 ・推動工作的進展
NT 型人	**SJ 型人**
・默默奉獻 ・貢獻技能特長	・制定流程和規則制度 ・提供行政支援 ・品質管理

圖二　MBTI 四種性格類型的協作方式

2 情境中的性格反應：了解彼此差異的重要性

在各種不同的情境中，這四種性格類型會有什麼樣的回應呢？這點十分重要，因為在相同情況下，不同個性會做出截然不同的反應。認識各種模式的獨特回應方式，有助於我們更好地管理自己，理解並寬容他人。

◆協作方式

在現實生活中，許多工作的成功，通常離不開不同性格、不同技能成員之間的通力合作。雖然永遠會有潛在衝突，然而相互理解，所有性格類型都能和諧相處，互助互愛。（圖二）

SP型人通常喜歡發起行動，並希望充當監督者的角色，他們制定具體目標，決定行動的步調。

NF型人利用自身的交際能力，為任務籌集必要的

SJ 型領導 採用官僚式管理，強調秩序和遵守規則。	**SP 型領導** 採用獨斷的管理方式，強調明確的責任和任務執行。
NT 型領導 採用支援式管理，專注於工作進展和和諧。	**NF 型領導** 採用民主的管理方式，鼓勵開放溝通和靈活性。

圖三　MBTI 四種性格類型的領導模式

資金，推動工作的進展。NT型人總是默默奉獻，願意為工作貢獻自己的技能特長。SJ型人願意分析，制定各種操作流程和規則制度，提供行政支援、設計、技術和品質管理方面的幫助，使工作圓滿完成。

哪一種個性最重要？現在，我們可以看出來，沒有所謂最重要的性格類型，對一個成功且運作良好的團隊而言，他們都缺一不可。

◆領導模式

領導或管理能力關係到影響他人行為的能力，這種影響有多種形式，並與MBTI個性模式密切相關。（圖三）

SP型領導者傾向於採用獨斷的管理方式。在一個SP型人擔任高階主管的機構之中，組織的管理模式是明確責任、執行任務、處理問題。各級管理人員分工明確，權責分配明確。

NF型領導者正好相反，**喜歡採取更為民主的管理方式**。他們提倡開放式溝通，鼓勵員工發揮靈活的主動性。除了提倡民主、劃分責任，他們通常喜歡在傾聽各方意見後，再做出最終決定。

NT型領導者會特別關注工作進展。多數日常工作都分配給他人，因為他們支援別人的方式是傾聽員工的心聲，為每位員工提供完成任務的機會。他們會竭力保持公司內部的和諧安寧，良好運轉。

SJ型領導者特別強調秩序的重要性，會建立大量繁瑣的規章制度並嚴格執行，以保證組織的正常運轉，使工作順利完成。在遵守制度的範圍內，員工可自由決定並承擔相應的職責。他們的領導模式不是人文風格，而是更趨向官僚式管理。

獨斷、民主、參與和官僚型的領導風格互不相同，各有千秋，就如同領導本身千差萬別、性格與眾不同一樣。事實上，負責的領導方式，是根據需要靈活多變、因時制宜，不斷調整領導的方式。

不同的管理模式可能產生衝突。當一個SP型主管遇上一個SJ型主管，專斷與官僚相遇，不難想像一場衝突隨時會爆發。假如風格各異的主管合作共事，減少問題、避免衝突和憤怒的方式，就是事先明確各自的領導風格，然後劃分各自的權責範圍，分工清楚且具體。

◆情感處理方式

在日常生活和工作中，我們與身邊的人相互摩擦，互相影響。一天將要結束時，我們可能成為一個裝滿各種複雜情感的「煩惱的人」。經歷特定的事件，他人對我們的回應，可能會幫助我們，也可能傷害我們的感情。每種類型的人處理他人感受的方式各不相同，各有特點。（圖四）

SJ 型人	SP 型人
用邏輯處理情感，提供實用的安慰。	專注於目標，通常忽視情感細微差別。
NT 型人	**NF 型人**
對感受敏感，避免衝突並表現出同情。	強調情感和快樂，努力提升他人情緒。

圖四　MBTI 四種性格類型的情感處理方式

SP型人會全神貫注於工作和目標，這會讓他們顯得對別人的感受漠不關心。其實，這種忽視很少是故意的，由於他們全力以赴要實現自己的目標，因而情感表達在他們眼中會成為累贅。SP型人視生活如戰場，在他們前進過程中的任何障礙都必須拆毀。不幸的是，伴隨這種態度而來的，往往是情感上的摩擦與損傷。

NF型人要感性得多，他們期望每個人都快快樂樂，享受生活，他們也努力為生活和工作帶來快樂，即使不是每個人都會領情。如果有人情緒低落，他們會送上鼓勵，並且千方百計緩解對方的心情。

NT型人同樣對他人的感受十分敏感。他們隨和體諒，盡力避免傷害他人的感情，即使那樣做意味著自我犧牲。他們**迴避挑起爭端，盡量避免衝突，盡力化解會引起分歧的問題**。

在處理情感問題上，NT型人和NF型人如出一轍；而SP型人和SJ型人，雖然各自關注的重點不同，但他們之間仍有很多共同點。因為SJ型人也以任務為導

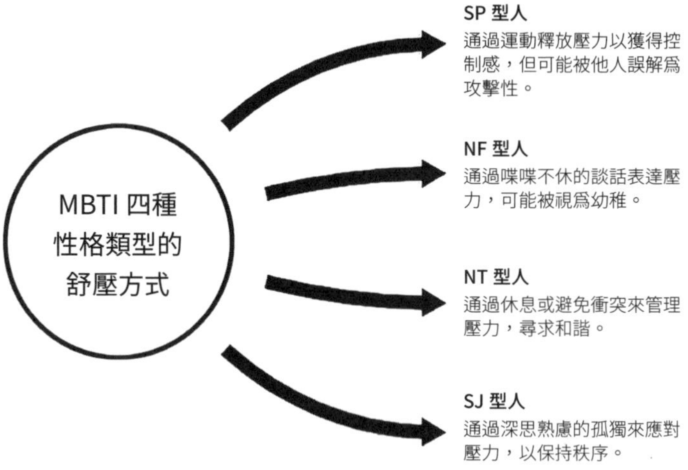
MBTI 四種
性格類型的
舒壓方式
SP 型人
通過運動釋放壓力以獲得控制感，但可能被他人誤解為攻擊性。
NF 型人
通過喋喋不休的談話表達壓力，可能被視為幼稚。
NT 型人
通過休息或避免衝突來管理壓力，尋求和諧。
SJ 型人
通過深思熟慮的孤獨來應對壓力，以保持秩序。

圖五　MBTI 四種性格類型的舒壓方式

向，所以，他們對人的同情有限。

SJ型人喜歡用邏輯方式對待感情。他們傾向以非黑即白的邏輯思維看待一切，這樣情感就會變得一目瞭然。如果有人感覺不錯，他們認為那是認真選擇的結果；如果有人感覺糟糕，他們認為那是草率決定的後果。對於傷心的人，SJ型人經典的安慰語是：下次只要再努力一些，你會覺得更好。

◆壓力釋放

在日常生活和工作中，壓力無處不在，難以避免，從四面八方向我們不斷出現。每種類型的人都以獨特的方式面對壓力。（圖五）

SP型人控制欲強，喜歡掌控環境，因此在他們的個人目標受阻後，緊張和不安就會急劇增加。一般而言，他們**會選擇運動來緩解和抒發壓力**。一旦能量得到了釋放，他們就會更好地回應身邊的人。不幸的是，SP型人選擇的舒壓方式，在其他人看來可能更像是人身攻擊。結果SP型人成了讓人敬而遠之、難以合作的人物。

在壓力之下，**NF型人比平常更加健談，喋喋不休**。他們抒發壓力的方式讓人看起來有些可笑和幼稚。雖然這種回應壓力的方式，也許和SP型人的方式有些類似，但顯得更積極一些。SP型人的舒壓方式使人感覺受了冒犯；而NF型人的舒壓方式又讓人感到疲憊不堪，難以應付。

NT型人的壓力釋放方式與NF型人完全相反。**當壓力積蓄到臨界點，NT型人稍微休息一下，或避開壓力來源**。因為他們喜歡和睦的環境，天性不喜歡衝突，壓力會讓他們有一種「被壓迫和被控制」的感覺。NT型人寧可迴避，也不願當面衝突。

SJ型人傾向於拋開壓力，這種回應方式，很大程度上是由於他們不喜歡混亂和沒有「規矩」的環境。**當感受到壓力時，他們會選擇退縮，獨自一人，深思熟慮，制定回應步驟**。假如一個SJ型人選擇與我們保持距離，有可能是因為我們讓他們備感壓力。

◆重獲力量

壓力釋放不是恢復的終點。每個人都有自己喜歡的「充電」方式，以便恢復活力，再度精力充沛地面對全新一天的挑戰。未能及時得到恢復，長期超負荷運轉，就會導致情緒上的「短路」，使生活和工作失去動力，迷失方向。（圖六）

SP型人一般需要體能活動，紓解累積的壓力。很多SP型人會用競技性運動釋放壓力，補充能量，比如籃球、網球和拳擊。

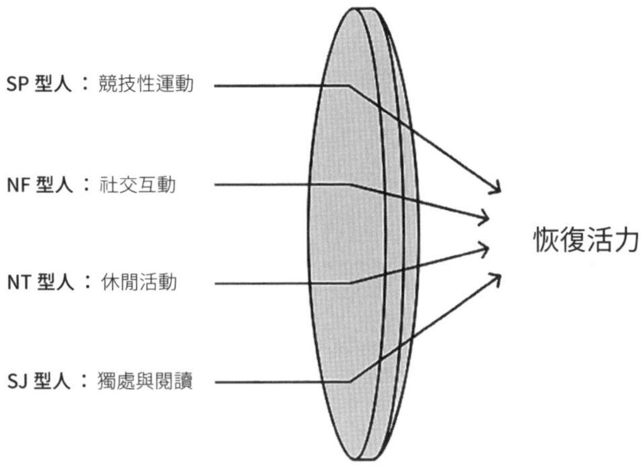
SP 型人：競技性運動
NF 型人：社交互動
NT 型人：休閒活動
SJ 型人：獨處與閱讀
恢復活力

圖六　MBTI 四種性格類型的重獲力量方式

NF型人一般通過尋找機會與人相處得到恢復。畢竟，**NF型人喜歡交流，需要很多人願意傾聽他們的心聲。他們樂意隨時休息一下，做點有意思的事調節心情**。是NF型人發明了「只工作不玩耍，聰明人也變傻」的格言。假如他們疲乏無力，只需休息片刻，就能重拾動力。人際交往讓他們得以「充電」，保持與人相處，他們才會永遠精力充沛，樂此不疲。

NT型人需要休息，要打破循規蹈矩的生活，丟開所有心理負擔休閒一下，看看電視、散散步，都能讓他們重新煥發活力。

SJ型人與眾不同，**需要獨處的時間，才能釋放情緒上的壓力**。NT型人通過休息釋放壓力，而SJ型人會抓住一本好書不放。他們喜歡寧靜，悠然獨處，怡然自得，就能恢復平和，容光煥發。

不同的恢復方式也會引發衝突，在人際關係中引起問題。比如，一個SP型人和NT型人成為工作中的搭檔，他們處理壓力的方式明顯不同。如果上司

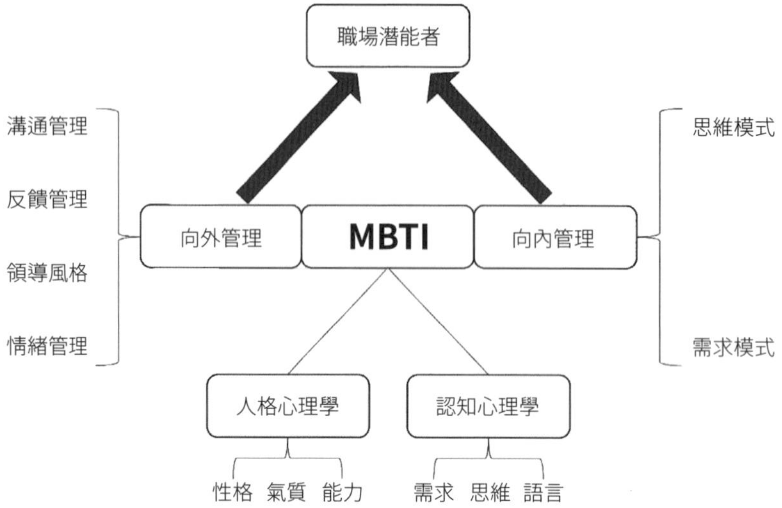
職場潛能者
溝通管理
反饋管理
領導風格
情緒管理
思維模式
需求模式
向外管理
MBTI
向內管理
人格心理學
認知心理學
性格 氣質 能力
需求 思維 語言

圖七　職場影響力框架

是NF型人，下屬是SJ型人，也會出現同樣的問題。這時，雙方需要理解和溝通，制定一個可行的策略應付壓力，幫助有壓力的一方釋放不滿，減少不必要的爭端。彼此理解，允許對方按照自己喜歡的方式釋放、恢復和重新獲得能量，這樣才能消除誤解，保持人際關係的穩固長久。

3 多元人格中的職場互動模式

根據MBTI各個角色的獨特回應方式，我們可以看出，**在職涯提升與自我發展過程中，向內管理、向外管理成為兩種最為重要的影響因素**。這兩個因素不僅能影響我們職涯發展的路徑，還可能影響其他人。**我們將這兩個因素稱為「職場影響力」**。（圖七）

天賦、特質、期望、關係、領導、環境和運氣構成了我們的職涯發展歷程，我們可以在每個人

「職場影響力」的全景中，看到每個組成部分的重要作用。

每個人的天賦都是與生俱來的禮物，而覺醒則是讓這份禮物發揮影響力的關鍵。通過MBTI人格類型工具，共同的人性和人格發展的共通模式，形成我們「職涯提升和自我成長」路徑。這種影響力會對我們與他人交往的方式產生影響。

同時，它還會鼓勵你展現包容與體諒，不必在意他人那些不好的特質。有時，它又會給你一些風險的提醒，這樣你就可以採取保護性行為。有些時候，它會讓你敞開心扉，接受他人並展現尊重。但無論何種情況，它都會提升你對工作和對人多樣性的認同與接納。

所以，本書最主要的目的是：增加你瞭解他人和人際相處的樂趣，不管這個人是你所喜歡的，還是你所不喜歡的。

【類型全解】SP 型人（技藝者）的特點與獨特傾向

亞型	主導者		溫和者	
模式	宣導者（ESTP）	手藝者（ISTP）	表演者（ESFP）	製作者（ISFP）
模式特點	主要和次要方面，都表現出 SP 型傾向	SP 型混合 SJ 型	SP 型混合 NF 型	SP 型和 NF 型各占一半
獨特傾向				
主要內在動力	高度獨立，獨自尋找問題解決之道	成為開拓新生理念的先驅	相信個性的力量，注重成效	強烈的控制欲、以魅力和勸說為手段
個人天賦	富有創新精神的問題解決者	成為帶來改變的器皿	靈活、自我激勵、積極爭取領導權	優秀的演講口才，能說服他人實現目標
團隊天賦	精力充沛、監督任務完成	能尖銳抨擊舊的體系並帶來改進	完成艱巨任務的催化劑和組織者	明確陳述觀點、訊息傳遞精準、表述情緒
潛在能力	智慧、勸誡、管理	認知、智慧、預言	領導能力、激勵、信心	預言、宣教、教導
與生俱來的顧慮	失去控制權	失去控制權和影響力、對方無法達到自己的要求	在實現目標上缺乏前進的迫切性	對事態失去控制，對複雜的人際關係感到憂慮
失衡表現	專注於目標而忽視人的感受	修補本來沒有破綻的事情，來平息憤怒	當忍耐是更更好的方法時，卻選擇貿然行動	以預言和爭辯壓倒他人
壓力下的表現	激動、活躍、主動採取行動	惱怒、自認為高人一等、吹毛求疵	情緒化、急躁、衝動、粗暴的發號施令	威嚇、利用對方
認知盲點	難以考慮他人的需要	理解、恩惠與饒恕是人際關係的關鍵	需要認識自身行為帶來的不良後果	需要認識自身過度的激進方式，會引發相反的效果
需要改進的地方	要增強同情、理解和與人合作的意識	用溫柔、忍耐、調和的交流方式，讓剛硬、挑剔的心變得柔和	不再操縱他人和環境、不再勉強他人	不要贏得每一次爭辯，要放慢步伐
最佳合作者	醫治者（INFP）、輔導者（INFJ）、策劃者（INTJ）	奮鬥者（ENFP）、輔導者（INFJ）	發明者（ENTP）、策劃者（INTJ）、檢查者（ISTJ）	策劃者（INTJ）、輔導者（INFJ）

【類型全解】NF 型人（理想者）的特點與獨特傾向

亞型	勸說者		實幹者	
模式	教育者（ENFJ）	輔導者（INFJ）	奮鬥者（ENFP）	醫治者（INFP）
模式特點	主要和次要方面，都表現出 NF 型傾向	NF 型混合 NT 型	NF 型混合 SP 型	NF 型混合 SJ 型
獨特傾向				
主要內在動力	創造友善有利的環境	維持和平、維護和諧	獨立、無拘無束、愛冒險、務實、實幹	追求卓越、力爭完美
個人天賦	口齒伶俐、天生擅長鼓動和勸慰	能看到別人被忽視的潛力	和藹可親、口頭表達力強、肢體語言豐富	樂於與人合作
團隊天賦	緩解團隊壓力，促進和睦，打造流利通暢的環境	對團隊成員不斷的鼓勵和支持	善於發現聽眾的需要、鼓動團隊成員的參與熱情	激勵團隊通力合作、互助互愛
潛在能力	扶持、憐憫、樂善好施	奉獻、扶持、充當導師和啟發者的角色	宣教、勸勉、熱情、積極	信心、溝通、談判、憐憫
與生俱來的顧慮	公眾或群體的拒絕	讓朋友或團隊失望、造成關係的不和諧	遭到朋友或團隊成員的拒絕	受到公眾指責，讓同伴輕視
失衡表現	說話不經大腦	過度信任別人、姑息縱容	過於自信、語無倫次	一意孤行、爭強好勝、有時不計後果
壓力下的表現	馬虎大意，欠缺條理	為維護關係，一味遷就包容	頑固、好爭辯、口無遮攔	急躁、挑剔、吹毛求疵、緊張不安
認知盲點	要記住過去的承諾	當事態達到不容忍耐的程度，就魯莽採取行動	要以實際行動履行過去的承諾	在情感壓力下，要保持冷靜和理智
需要改進的地方	面臨公眾壓力時，要保持客觀冷靜	待人待事，要更客觀公正	細心與堅持到底的恒心	學會控制情緒波動，允許不完美和錯誤的存在
最佳合作者	監管者（ESTJ）、檢查者（ISTJ）、保護者（ISFJ）	手藝者（ISTP）、發明者（ENTP）	指揮者（ENTJ）、建造者（INTP）	發明者（ENTP）、檢查者（ISTJ）、輔導者（INFJ）

【類型全解】NT 型人（理性者）的特點與獨特傾向

亞型	戰略者		探索者	
模式	指揮者（ENTJ）	策劃者（INTJ）	發明者（ENTP）	建造者（INTP）
模式特點	主要和次要方面，都表現出 NT 型傾向	NT 型混合 NF 型	NT 型混合 SJ 型和 SP 型	NT 型混合 SP 型
獨特傾向				
主要內在動力	可控、安全、穩定的環境	維護和諧安寧、安全穩定	不屈不撓、意志堅強、永不言棄	勤勉刻苦、細緻認真、思考探索、目標專一
個人天賦	維護傳統、始終如一、沉穩可靠	溫柔體恤、善於表達	探索、調查、解決複雜問題	全力以赴完成任務
團隊天賦	富有團隊精神、委身奉獻、傾力跟隨	樂善好施、忠於朋友	對友好忠貞不渝	出眾的管理能力
潛在能力	協助、服待、憐憫	信心、殷勤、憐憫	服待、協助、智慧	管理、服待、領導
與生俱來的顧慮	不和諧、與他人發生衝突	面對紛爭和衝突	與頑固不化的人鬥智	不順從他們的要求
失衡表現	遲疑不決、守株待兔	過分仁慈、逆來順受	固執、一意孤行	太過直白、魯莽苛刻
壓力下的表現	妥協退後、逃避	柔順、適應、不喜歡矛盾公開化	沉默、多慮、內省	灰心、緊張、不耐煩、疑心重重
認知盲點	充分認識自我價值	要敢於冒險、積極改變、不要安於現狀	全神貫注於完成複雜任務，完全忽視人際問題	充分認識人際關係與完成任務同等重要
需要改進的地方	更主動、積極回應，而不要消極對抗	堅定不移、言出必行	解決棘手的人際問題、表達感受	在完成任務之時，也要顧及他人的感受
最佳合作者	奮鬥者（ENFP）、醫治者（INFP）、表演者（ESFP）	宣導者（ESTP）、製作者（LSFP）、表演者（ESFP）、奮鬥者（ENFP）	醫治者（INFP）、輔導者（INFJ）、奮鬥者（ENFP）、表演者（ESFP）	教育者（ENFJ）、奮鬥者（ENFP）、輔導者（INFJ）、醫治者（INFP）、製作者（LSFP）

【類型全解】SJ 型人（護衛者）的特點與獨特傾向

亞型	分析者		協作者	
模式	監管者（ESTJ）	檢察者（ISTJ）	供給者（ESFJ）	保護者（ISFJ）
模式特點	主要和次要方面，都表現出 SJ 型傾向	SJ 型混合 NT 型。	SJ 型混合 NF 型和 NT 型	SJ 型混合 NT 型和 SP 型
獨特傾向				
主要內在動力	警覺敏銳、渴望完成使命	思索、鑒定、合作、驗證	對品質嚴格、善於合作	驗證資料的準確性、採用正確方法
個人天賦	關注細節、注重資料的可靠性、機智圓滑、忠誠	善於合作、堅定不移、追求品質和秩序	遵守傳統與標準、交流與說服	堅定不移完成任務
團隊天賦	可靠、團隊的品質衛士	維護傳統、順服掌權者	多面能手、能身兼數職	兢兢業業、穩定可靠、追求品質
潛在能力	教導、幫助、服侍	知識、教導、服侍	勸勉、幫助、知識	幫助、支持
與生俱來的顧慮	不可知、模糊、不明確	突發奇想	個人努力或工作受到批評	受到批評和指責
失衡表現	鑽牛角尖、吹毛求疵、過度糾纏於數據與細節	糾纏細節、捨本逐末	心亂如麻、困惑不安	教條主義、墨守成規
壓力下的表現	謹小慎微、躊躇不決	內省、多慮、過度關心	自責、因情緒困擾而心灰意冷	表現圓滑，或者內省和自責
認知盲點	捨本逐末、因小失大	鑽牛角尖、試圖使所有經歷都合乎邏輯	心煩意亂使思考判斷力下降	樂觀看待新觀念、新計畫
需要改進的地方	取捨得到、把握重點	吐露心事、傾訴困惑與煩惱	接受他人的幫助、敞開心扉述說內心的困擾	降低期望值、切勿苛求自己或他人
最佳合作者	教育者（ENFJ）、醫治者（INFP）、奮鬥者（ENFP）、輔導者（INFJ）	教育者（ENFJ）、醫治者（INFP）、輔導者（INFJ）、指揮者（ENTJ）	宣導者（ESTP）、表演者（ESFP）、製作者（ISFP）、建造者（INTP）	奮鬥者（ENFP）、輔導者（INFJ）、表演者（ESFP）、策劃者（INTJ）

第一部分　向內管理

第一章　堅忍不拔的SP型人

MBTI將技藝者界定為「感知敏銳者」，簡稱SP型人。這種類型的人天賦是「適應性強」、「具備天生的優勢」、「運動神經發達」、「接受現實並靈活應對」、「思想開放且包容」。在行動上，SP型人傾向於經濟實惠的行動方式，不喜歡循序漸進，卻具備運用工具的天賦。總之，SP型人懂得「享受生活」。

從本質上來說，我們每個人都是一個不同於其他人的獨特個體。我們的天賦、思想、感受、渴望、價值觀，以及信仰都各不相同，而我們每個人的言行更是大相徑庭。人與人之間的差異無處不在，只要我們願意發掘，就不難發現它們的蹤影。然而，不幸的是，這些行為和觀念上的差異，卻常常引發我們本能的抵觸反應。每當發現他人與自己略有不同時，我們往往會出於某種說不清、道不明的原因，武斷地為這些差異打上「壞的」或「錯誤的」標籤，並且將他人怪異的行為舉止歸咎於他們「腦子有毛病」或「不正常」。事實上，我們每個人根本就沒有理由去改變任何人，因為人與人之間存在差異的這一事實，也許對我們每個人都有好處。有時候，我們試圖重塑他人的做法也許能讓他人發生改變，可是這種改變就像「畢馬龍效應」一樣，是惡性的扭曲，而不是良性的轉變。

我們無須去改變別人，只需認識自我和他人。如果一個人沒有與他的同伴保持步調一致，請不要驚訝與憂慮，那很可能是因為他聽到了另一種不同的鼓點聲。無論其他人的步伐有多麼整齊，也無論路途有多麼遙遠，我們就按照自己所聽到的鼓點前進吧！因為我們每個人都是不一樣的擊鼓手。

C助理花了數個星期的時間，為公司總裁準備一個完美且新穎的計畫草案。她耗費了不少心血，收集了詳盡的資料，認真編排、整理、列印，仔細校對了所有錯誤後，再重新列印和裝訂，還充分排練了她的發言。最後，C助理胸有成竹地走進會議室，滿懷期待地開始陳述她的方案。

她才說不到三分鐘，總裁就探過身來，一把抓起那份報告飛快地翻到最後一頁，不耐煩地說道：「請您儘快告訴我們，這個計畫的資金從哪裡來？」技藝者（高度SP型）的總裁說話直白，令人痛苦地切中要點，一語便切中了要害，將護衛者（高度SJ型）助理的心理防線和自尊心徹底擊垮。他對C助理準備計畫草案的過程和態度視而不見、不聽不聞，因為他對C助理準備草案的細微末節根本不感興趣。結構精緻的報告，認真仔細地列印和裝幀，花費心思準備的發言，這些對SP型人而言，簡直是在浪費時間。成本多少？回報多少？收益與產出的比例多少？這才是SP型人真正感興趣和關注的核心問題。

如果運氣不佳，一位銷售總監被派去指揮一支剛剛組建、缺乏資源、毫無朝氣、人數少得可憐的團隊，去拓展具有戰略意義的市場，這位總監會有什麼感覺？如果讓這位銷售總監帶著這支戰鬥力極差的團隊，插足對手的市場，去與資源豐富、戰鬥力超強、經驗豐富的對手周旋，這位總監會如何應對？這些狀況令大多數人膽顫心驚、沮喪痛苦，但對另一些人來說，卻能激發鬥志、提起興趣、如魚得水、遊刃有餘，並且抱著「有條件也要上，沒有條件創造條件也要上」的信心、決心和勇氣，面對這些困難，並且能取得成功，實現自我價值。具有這種人格模式的人就是「掌控一切，以行動為導向」的SP型人。

（圖八）

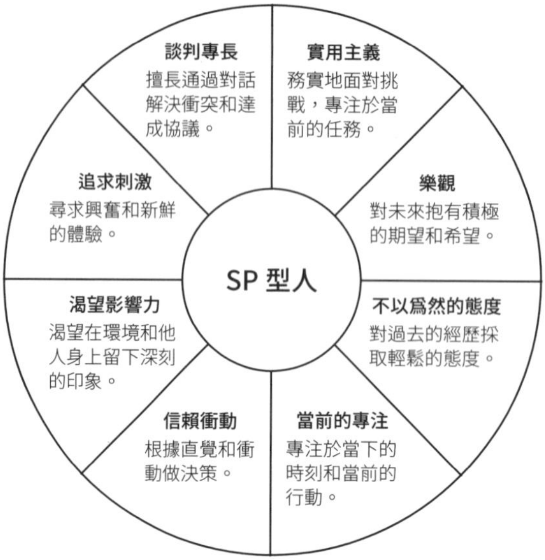
SP 型人
談判專長
擅長通過對話解決衝突和達成協議。
實用主義
務實地面對挑戰，專注於當前的任務。
樂觀
對未來抱有積極的期望和希望。
不以爲然的態度
對過去的經歷採取輕鬆的態度。
當前的專注
專注於當下的時刻和當前的行動。
信賴衝動
根據直覺和衝動做決策。
渴望影響力
渴望在環境和他人身上留下深刻的印象。
追求刺激
尋求興奮和新鮮的體驗。

圖八　SP 型人的思維特徵

◆思維1：能夠務實地面對一切

在社會中，大家都認為自己很務實，就連那些明知自己屬於NF型的人，也認為自己周旋於眾人之間，與他人保持良好的人際關係，就是一種務實的表現；至於SJ型人，他們把堅守傳統、謹慎內斂當成是一件相當實際的工作；NT型人相信保持行動的效果和效率才是最實用的。然而，要做到真正務實，就需要果斷地拋開許多無效的社交活動，將目光從過多的內心反省上移開，甚至需要暫時忘記效果。而能夠迅速做到這一切的只有SP型人，其他三類人往往都會有所猶豫或不情願。

SP型人天生就具有務實的特徵，他們很實際，為了得到自己想要的一切，他們可以採取任何方法，無論是蠻橫無理的方式，還是借助慣例的力量，即使是徒勞無功的行動，只要有可能實現目標，他們都會嘗試看看。因為他們所關心的問題通常是：「這樣有什麼好處？」「你能從中得到什麼？」「這和我有什麼關係？」「回報和收益是什麼？」「為什麼要大費周章？」或只是的簡單的「那又怎樣？」務實就是具體的實用主義，就是相信當下的力量。與NT型人的抽象主義不同，SP型人尋求的是解決具體或實際問題的最佳效果。而穩定者追求的卻是最高的效率和效果，反而會使他們猶豫不決，不斷地權衡和反覆研究，最終不僅束縛了他們行動的信念，還會錯失解決問題的最佳時機。

為了達成目的，SP型人可以不計代價，嘗試任何方法。穩定者則不會這樣，因為他們追求的是用最小的努力達到最佳結果，他們總是在選擇方法上大傷腦筋，等決定時，問題和目標已經變了，又得重新尋找方法。穩定者的務實常常停留在思考、規劃、計畫和期望中，在腦中預演著行動。因此，穩定者往往把獲得結果看成一個理論問題，而SP型人卻把它看成一個實踐問題，「行動、行動再行動；實踐、實踐再實踐」，是SP型人的生活指南。

◆思維2：總是對未來保持樂觀

SP型人都是無可救藥的樂觀主義者。在他們看來，過去彷彿流水，理當忘卻；而遙遠的未來也需假以時日才能到來，所以根本不必浪費時間去規劃。至於下一刻，SP型人總是保著樂觀的態度：船到橋頭自然直，而這恰恰是他們個性中的一個亮點。

SP型人會覺得自己很幸運：下一次擲骰，下一步行動，下一槍或下一個計畫都受到幸運之神的眷顧。他們從來不會介意前幾次的失敗，因為他們認為，即將到來的肯定是好事：短暫的休息、意外之財、一次美好的邂逅，或是幸運女神的會心微笑。一旦碰上好運，會接連成功，SP型人往往相信，這樣的好運必將持續，而他們也會全神貫注，不失時機、最大限度地利用這一好運。

除了樂觀態度，SP型人心中還有一個根深蒂固的信念：他們過著一種令人著迷的快樂生活。因為這一想法，也使SP型人成為四種類型人中最容易滿足的一類。當然，這樣的信念也常常給他們帶來不少麻煩。因為SP型人比其他類型的人更容易被意外事件影響，從而陷入低迷和消沉；他們常常因為疏忽而遭遇各種失敗、挫折和損失，並因此受到傷害。但是這些消沉和不快是暫時的，他們很快地便會從失敗的陰影中走出來，因為**對未來充滿期待的樂觀主義態度，會激發他們積極面對困難和挫折，SP型人常常掛在嘴邊的一句話就是「富貴險中求，何必煩惱過去，未來才是重點」**。

SP型人就是這樣樂觀，喜歡將希望寄託在反覆無常的命運之神身上，他們就像彈簧，壓得越低，反彈得越高。因此，SP型人的生活往往會隨著命運之輪的轉動，呈現出一幅跌宕起伏、險象環生、驚心動魄的圖畫。正是這種樂觀精神，才使SP型人度過一個個難關，很快衝出失落和消沉的藩籬，從一個成功走向另一個成功。

◆思維3：回望過去時，抱著不以為意的態度

我們都曾遭遇過逆境，也曾在錯誤的時間出現在錯誤的地點，做了錯誤的事情，從而遭受失敗和挫折。面對這些消極的結果，每種類型的人都有各自應對、解釋和自圓其說的方法。比如，SJ型人就會表現得很堅韌，每當困難來臨時，他們會採取積極態度，認為這是不可避免的，也是命中註定的，沒有任何人和事可以阻止它們的發生。有時，甚至會認為這是神的安排，是對自己的懲罰和考驗。與SP型人不

同，**SP型人會用一種不以為意的態度來面對各種災難和厄運，這意味著他們眼中的生活從來都沒有固定的模式**。

在SP型人看來，生活就好比在黑暗中一次又一次的跳躍，或是一場又一場的賭博，充滿了不確定、偶然和危險。這正是SP型人對生活的基本態度。當幸運和成功向他們微笑時，他們會得意揚揚，挽起袖子奮起直追；當幸運女神拋棄他們時，他們不會氣餒，只是無奈地聳聳肩，然後以無所謂的態度面對逆境，對自己說「這就是生活」、「這不過是生活中的一個小插曲而已」、「這和拍皮球一樣，時高時低」。**能夠灑脫地說出「生活就是戰爭」這句話的人，毫無疑問地，必然是那些性格堅毅的士兵**。這就是SP型人對過去的態度。

即使在思考人類行為的動機時，SP型人仍然表現得不以為意。他們從不曾幻想人會變得高貴或聖潔，他們只會說「是到了拋棄這樣幼稚想法的時候了」、「無論我們認為自己是多麼的善良和高尚，我們畢竟是凡人，總會有缺點，難免會受不良思想的侵染，做一些自私的事情」。當SP型人採取這樣的歸因模式，用這樣的態度來思考人們的意圖時，他們也會以同樣的想法衡量他人：他們會對別人送的禮物挑剔，並在別人示好時，先弄清對方的意圖。讓SP型人最為懊惱的莫過於他們那幼稚的頭腦，他們常常輕信他人，像個傻瓜一樣落入別人設計的陷阱，但其實這只是SP型人的一種錯覺，因為他們向來都是陷阱設計者，是獵人，而不是任人宰割的獵物，只有他們遭受失敗和挫折時，才會產生這種想法。

不過，與那些真正輕信他人、容易受騙的人相比，由於SP型人抱有這種不以為意的處世態度，他們在行動智慧上反而占了很大優勢，這也成為他們一個顯著的標誌，SP型人是製造「心靈雞湯」的能手，也是影響他人的高手。

◆思維4：總是從「這裡」開始

假如生活是一場比賽，SP型人既不會甘心只是站在入口處等待買票入場，也不願意只坐在看台上當個觀眾，更不想成為裁判。他們的想法只有一個：參加比賽。他們的位置就在賽場上，只有這樣，他們才會覺得自己生活在「當下」，才會感覺自己生活在真實的空間內。對於他們來說，空間和時間是不可分割的，正是因為有了空間和時間的高度吻合，他們才能始終保持自己行動的精確度。**SP型人會將全副精力都集中此時此刻所發生的一切上，這恰恰使他們能抓住時機，果斷採取行動，順利達成目標**。其他三種類型的人往往將注意力集中在同時發生的事情上，或是多個時間段上，導致他們精力分散、猶豫不決、效率不高、錯失良機。

◆思維5：一切都從「現在」開始

與其他人相比，SP型人更加重視現在的生活和行為，他們總是對我們說「明天永遠不會來」，而昨天則是「逝去的江水，一去不復返」。**在SP型人眼裡，沒有比現在更重要的時刻了，所以，最好充分利用它，牢牢地將時間抓在手中，打鐵趁熱，莫失良機**。

其他人也許會為之前的錯誤而埋怨，或發牢騷，或擔心下次行動會失敗，但SP型人卻不會，他們會死死盯著眼前的一切，然後抓住時機，果斷出擊。面對過去和未來，他們似乎有些健忘，也正因為如此，他們才能集中全部精力獲取此時此刻的機會，從而增加成功的機會，減少失敗的可能。

然而，這種執著和鍾情於現在的生活方式是需要付出代價的，由於SP型人很少深入地反思或分析自己的錯誤，所以他們很難從以往的錯誤中汲取經驗教訓，最終，他們可能陷入不斷地重複以往錯誤的惡性循環之中。不過，每當這時，他們實用主義的智慧通常能夠幫助他們化險為夷。憑藉這種本能，SP型人會不斷重複那些可以將他們引向成功的行為，從這一點來說，他們並非完全不懂吸取經驗和教訓，至少他們知道如何利用那些積極的經驗。

◆思維6：天生興奮

SP型人喜歡並且時刻保持興奮的狀態，尤其是當事情開始變得枯燥無趣的時候。他們就像孩子一樣，看起來總是興高采烈，而他們這種天生興奮的心情從來不會隨著年齡的增長而消減。他們很享受這種振奮的狀態，並且可以長時間地保持在這種狀態中。公開表演可以給SP型人帶來前所未有的興奮感，使他們變得更加歡欣雀躍。但是，公開表演並非獲取這種興奮感的唯一方式，那些看似沉悶的行為，像是操作機器、網上漫遊、玩網路遊戲、全神貫注地繪畫或練習擊球，同樣可以展示SP型人好動的活力，讓他們激動不已。

這種天生的興奮感使SP型人總是能夠快速地忘卻傷痛和疲倦，全心投入到所從事的工作中，如果他們正在進行某項活動，他們會深深地被活動本身所吸引，如同被磁鐵吸住一樣，陶醉並且興奮，常常感受不到任何身體的疼痛或疲憊。

SP型人的確可以全心投入到令人興奮的行動中，可是他們這樣做，不是出於奉獻，也不是想履行什麼承諾，更不是因為熱愛，也絕不是為了打發無聊時光。他們的行為不過源於一種情不自禁，面對內心難以抑制的衝動，一次又一次，如同飛蛾撲火般地投入那些令他們活力四射的活動之中。

SP型人，尤其是那些喜愛交際的SP型人，常常會將自己的這種興奮和活力傳遞給他人，能夠感染周圍的環境以及身邊的每一個人。他們無論走到哪裡，總能夠一如既往地發光發熱，把周圍的一切都渲染得五顏六色，從他們身上所散發出來的那種令旁人羨慕，甚至妒忌的興奮感，足以感染周圍的一切。面對壓抑的世界，SP型人會公然反抗，並鼓勵他們的朋友去嘗試冒險的滋味：「是的，生活就好比一場盛宴，那些可憐的人會被活活餓死，而我們要活下去！」他們的朋友感受到了這個SP型人所散發出來的熱情，立刻回應：「對！活下去、活下去、活下去！」

SP型人魅力十足，為人直率，風趣而充滿活力。他們喜歡和許多朋友待在一起，而他們的朋友不計其數，這些人來自生活的各個層面。被迫的集體生活會令SP型人感到厭煩。SP型人十分迷戀那些性格獨特的人事物，對他們來說，如果多個計畫能夠同時進行，那最好不過。

不過，**興奮所要付出的代價，就是SP型人做事往往只有三分鐘熱度，十分容易厭煩**。對SP型人來說，厭煩是讓他們感到最為痛苦的經歷。如果厭煩的狀態長時間持續下去，SP型人就會採取任何可能的措施來終結它，其中一種方法就是不斷變換花樣來刺激自己。

SP型人體現的是興奮，NF型人體現的是熱情。熱情和興奮是兩種截然不同的態度，熱情是由某種內在的東西，一個想法、一個形象、一個目標所引起的情緒；興奮卻是由外界的刺激，一場遊戲、一次競賽、一次挑戰或一次機遇所激發的情緒。SP型人一方面很容易並且經常保持興奮的狀態，另一方面卻很慢且很難表現出熱情的姿態；NF型人的熱情是由內而發的，所以很容易也很常見，但是他們卻很少也很難因外界的刺激，而表現得興奮異常。

◆思維7：信賴衝動

SP型人是衝動的，他們喜歡衝動的生活方式，在衝動的驅使下率性而為，可以讓SP型人始終保持旺盛的活力。SP型人對衝動的信任是毫無保留的，他們十分享受這種由內而發的激情，喜歡宣洩衝動時所帶來的那種快感，好比引爆炸藥，暢快淋漓。如果失去了衝動，SP型人甚至會覺得不安。

所有人都曾感受過那種突如其來的衝動，只不過，其他三種類型的人都會竭力抑制內心的衝動，在行動前首先考慮那些更有價值的目標：NF型人會用道德、NT型人會用理智、SJ型人會用職責來約束自己的衝動。然而這些做法會讓SP型人感到局促和受限。

對於SP型人來說，生活就是感受衝動，而後隨著衝動本能地做出反應。既然衝動轉瞬即逝SP型人就必須活在「現在」的每一刻，任何行為都無法保存到明天。對SP型人來說，無論即將開始的行動有多麼危險，等待都是對他們心靈的折磨。

SP型人鍾情於衝動的生活，他們常常不顧長遠目標，認為只為當前的行為而活，才是最激動人心的狀態。這並不是說他們沒有目標和牽掛，他們與我們一樣，都有目標和牽掛，只不過他們的目標更少、更短暫，牽掛更少、更淡薄。如果牽掛過多，或者束縛了自己，他們可能會變得局促不安，立刻會萌發放棄所有牽掛的想法。

衝動會使SP型人輕易切斷自己與社會和他人的聯繫，哪怕他們知道自己的這一做法可能會對身邊的人造成傷害。他們可能突然間果斷地放下一段關係，或者停止一項正在從事的工作，頭也不回，毫不猶豫地走開。

SP型人必須聽從衝動的召喚，只要內心的衝動存在，他們就必須繼續做下去。一旦衝動消失，SP型人對事情的興趣也隨之煙消雲散，只有等到這時，他們才會停下來。在壓力之下，SP型人有時會說：「我們不得不以一種特殊的方式來做事，這一切只是因為我們無法控制自己。」

不過，有一點我們應當明白：也許在其他人看來，衝動是一種負擔，會帶來無數的麻煩或災難，可是，**對SP型人來說，衝動不僅不是負擔，還是一針可以鼓舞人心的興奮劑，因為他們天生就是衝突的載體，雖然，衝動可以使他們變得堅強有力，也可能突然變得冷酷無情**。

◆思維8：渴望影響力

在SP型人看來，社會影響力至關重要，雖然SP型人看起來似乎並不關心和不在乎社會，但這並不妨礙他們對影響力的渴望。**SP型人需要強大的影響力為自己打氣，與此同時，他們也希望自己能夠影響事件的進程。對SP型人來說，剝奪他們的影響力，使他們無法在社會事務中發揮作用，這等於抽乾了他們賴以生存的氣氛**。與其他類型的人相比，SP型人更容易受欲望的支配，渴望自己的行為能夠給周圍人留下深刻印象，希望自己能夠在社會交往中發揮顯著作用，讓更多人知道自己、瞭解自己。無論是在藝界還是商界、在工作中還是在日常生活中、在表演舞臺還是政治舞臺，SP型人都極度渴望能夠成為焦點和明星。他們希望引人注目，或促使事情的發生，或成為行業中的佼佼者。SP型人總是告誡自己：「行動吧！讓我們做點什麼，創造、表演，無論在哪裡，都應該占有一席之地。行動起來吧！」

◆思維9：追求刺激

SP型人總是把大量的時間花在尋求刺激上，原因很簡單，因為SP型人需要刺激。對於推崇感官生活的SP型人來說，刺激越多越好。他們喜歡響亮的音樂，喜歡穿鮮豔的衣服，喜歡品嘗口味濃郁的食物和飲料。

SP型人相信變化是生活的調味料，他們希望生活中充滿各種新鮮的感覺和經歷。在工作中，如果SP型人的工作總是一成不變或缺乏不可預期，也就是說，工作中缺少刺激的話，他們的工作熱情就會慢慢消退，直到枯竭。不過，隨著各種可能性的增加，或緊急狀況次數的增多，SP型人的工作熱情會被重新點燃，他們又會興致勃勃地投入工作中。事實上，當工作變得乏味或公式化後，SP型人便會在工作中創造讓一切變得生動的感覺。這不並是說SP型人一定會拒絕那些應該完成的工作，或是不願按既定的方式去工作，也不是說無法一遍又一遍地重複相同的工作。這一切都取決於他們在工作時的感受。不過，只要有能力，他們就會使工作變得生動有趣。

◆思維10：重視大度

SP型人在很多方面都顯得孩子氣。不過，相較而言，他們在享受通過付出所得到的樂趣時，最像個孩子。他們從來都不缺少那種伴隨著慷慨大方的快樂感，因為**SP型人的付出**，不僅僅是因為自己擁有某物或創造了某物，而**是一種自發的、純粹是為了感受快樂而進行的付出**。在SP型人看來，迫於義務的付出毫無樂趣可言，只有那種出於衝動的付出，才能給SP型人帶來最大的滿足感。

當然，SJ型人同樣樂於付出，可是他們卻不像SP型人那樣能夠頻繁而真切地體會到給予所帶來的樂趣，因為SJ型人只會把付出傳遞給那些應得的人。**SP型人卻願意將快樂傳遞給每個人，無論對方是否應該享受快樂**。

◆思維11：立志成為某一領域的名家

抱負是一種夢想，而不是野心，它是一個極難企及的目標，一個看起來幾乎超出了夢想者能力範圍的理想，即使是那些已經實現了目標的專家也常常會驚呼：「我是怎麼做到的！」**SP型人對技藝和工具的渴望已經遠遠超出了人們的想像，於是，出於對技藝的貪戀，他們偷偷立下了自己的抱負「一定要成為某一領域當中的能人巧匠」**。隨著SP型人技術的不斷提升，這一原本秘密的志向也就變得不再那麼隱秘了。隨便找一個SP型人，也許當時他們還不具備純熟的技藝和知名度，但假以時日，他們或許已經是某個領域令人敬佩的專家或能手了。

不過，夢想成為名家是一回事，雖然這是成功的關鍵要素之一，但要真正成為名家卻是另一回事。畢竟，真正的名家往往是每個領域的佼佼者，他們能夠隨時隨地演練完美的技藝，這就是「台上一分鐘，台下十年功」的道理，因為嫻熟的技藝往往需要巨大的付出。但天生的特質決定了只有SP型人才能最終成為某一領域的名家，因為，人各有志，其他類型的人抱負不在於此，成為奇才、聖賢和獲得管理地位，才是他們所追逐的重點。

◆思維12：擅長通過談判解決問題——談判專家

世上有兩種社會角色：一種是由我們所處的社會環境中決定的角色，另一種是我們自己去爭取的角色。在我們處理各項社會事務的過程中，必須承擔一種職責，或者說扮演一種角色。面對父母，我們是子女；面對手足，我們是兄弟姐妹。同時，我們在婚姻中扮演配偶的角色；對孩子要擔負父母的角色；在公司中，我們既是上司，也是下屬。生活在社會中，我們不可避免地需要與人進行交流，無論是被動接受，還是主動爭取，我們除了扮演好自己的角色外，別無選擇。

談判是一種交涉或協商的藝術，在談判過程中，談判者不僅需要快速化解緊張的氣氛，還要能巧妙地解決尷尬的問題。**成功的談判者往往會借助當時的客觀條件讓自己獲得最大的利益，對SP型人來說，他們隨時都在觀察事物的細微變化，還能準確和輕鬆地把握時機，這些天賦使他們成為優秀的談判專家**。這也是為什麼在公司裡，SP型人總是能成為出色的調解者，他們化解緊張局勢的談判技能相當出色，無人能及。

第二章　溫良泛愛的NF型人

MBTI將理想者界定為「理想主義者」，簡稱NF型人。這種類型的人熱愛理想、真理、正義、正直和美德，甚至願意為之獻身。同時，NF型人大都熱情奔放，且對所有的人都不吝惜自己的讚美之詞。所以，我們常常會渴望被他們的熱情所感染，並「覬覦」他們的讚美。

老鄧是一家大型銀行的風險管理總監兼風險管理部總經理，他講述了自己採用的團隊激勵策略，可以作為認識NF型人的參考。

這個部門有五位副總經理，協助老鄧努力打造一支同心協力，視每個任務如同最後決戰般奮力拼搏的團隊。結合本書的概念，老鄧管理團隊的策略就是發揮不同經理的性格特點，將SP型人的控制力與NF型人的影響力有效結合。

老鄧是一位SP型領導者，他領導著一個NT型員工占多數的部門，老鄧的領導風格類似奇異公司的傑克．威爾許，果斷有力、紀律嚴明、行動迅速、注重實效、專注目標、關注結果。而常務副總老霍是一位NF型人，當團隊成員意志消沉、士氣低落時，老霍的任務就是出面勸勉安慰，激勵員工的鬥志。老霍是部門裡的樂天派，與每位員工都保持良好的關係。如果老鄧對某位員工過於嚴厲，老霍就會緩和這位員工的壓力，為團隊成員打氣加油。作為部門的管理成員，老鄧和老霍互補不足、相互配合，成功打造了一支勝不驕、敗不餒的優秀團隊。

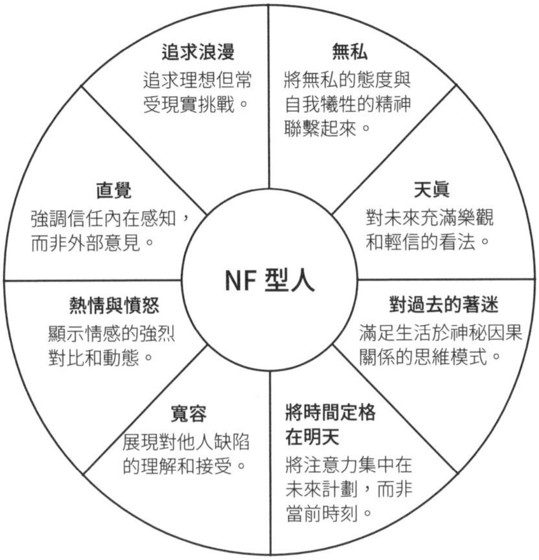
NF 型人
追求浪漫
追求理想但常受現實挑戰。
無私
將無私的態度與自我犧牲的精神聯繫起來。
天真
對未來充滿樂觀和輕信的看法。
對過去的著迷
滿足生活於神秘因果關係的思維模式。
將時間定格在明天
將注意力集中在未來計劃，而非當前時刻。
寬容
展現對他人缺陷的理解和接受。
熱情與憤怒
顯示情感的強烈對比和動態。
直覺
強調信任內在感知，而非外部意見。

圖九　NF 型人的思維特徵

在企業中，SP型人勇往直前、一心一意指揮著團隊向前發展，然而這支團隊也需要激勵者來振奮人心、鼓舞士氣。SP型人決定企業前進的步調，NF型人則鍾情於平衡與交流。具有這種人格模式的人就是「影響他人，擅長交互溝通」的NF型人。

NF型人天生樂觀、熱情，他們樂於助人、擅長協調與溝通，善於勸勉灰心喪氣的員工重新建立信心。在一個團隊中，如果不同性格的人能融洽相處、團結一致，就能帶動團隊平衡發展，成功實現目標。（圖九）

◆思維1：總是無私地面對一切

每個人都會用自己的方式來對待我們所見到的周圍環境。或者說，對於周圍發生的一切，每個人都有各自不同的觀點，這就是我們常說的視角。性格特徵決定了個體的視角。**SP型人選擇一切從實際出發，SP型人則會用盡職盡責的標準來衡量每個**

人，而在NT型人的思維中，實效才是最重要的。當然，他們的視角不同於NF型人的利他主義：無私地面對一切。換句話說，無私地為別人奉獻會給NF型人帶來巨大的幸福感，即使這樣的奉獻需要自我犧牲。

NF型人總能看到人們身上的潛在美德，也非常樂意幫助人們開發並培養這種潛在的美德。對NF型人而言，利他主義還會衍生出另一個他們夢寐以求的產物：自我實現。凡事都以他人為先，這是NF型人擺脫自私自利思想的最好方法。在NF型人看來，自私自利是他們尋求自我實現道路上最大的絆腳石。他們相信，只有徹底擺脫自私自利的想法，才能越來越清晰地看清自我，再也不會受到恐懼和欲望的束縛。

◆思維2：展望未來時的輕信

輕信是NF型人的一大特徵，他們常常輕易且毫無保留地相信人、事、物。因為輕信，NF型人常常顯得十分天真，無論走到哪裡，無論面對的是誰，他們總能夠從事物或人的身上發現好的一面。他們認為，在這個世界上，善是真實存在且永恆的。因此，NF型人通常很快就會加入追求某一目標的團隊，或是奮不顧身地為實現某一任務而努力，尤其是當他們十分信賴這些運動的領導者時。**一旦加入某一團隊或信賴某個人，NF型人就會成為團隊中最忠實的一員**，還會不斷地用自己的熱情吸引更多的追隨者，為實現這一目標而奮鬥。

在一些極端的情況下，NF型人為了忠於團隊，甚至會徹底失去自己原有的視角，全心投入工作之中。這種極端的忠誠會成為一種「固執的理念」，NF型人會堅定不移地宣傳這種理念，並且不會因為任何原因或經歷發生改變。

一方面，NF型人常常懷著滿腔熱情追求自己的價值觀；另一方面，無論是從情感還是從理智的角度來說，NF型人都顯得不夠專一，總是在不同的理念、信賴的對象，以及追求的目標之間穿梭、遊蕩。因此，儘管NF型人一生都在矢志不渝地追求真實與價值，但常常浮於表面，對事情的理解往往是一知半解的狀態。

◆思維3：喜歡神秘莫測的過去

當NF型人面對生活中的困難時，他們常常採用以下兩種令人有些不解的態度。

有些NF型人認為，意外總是令人困惑且無法解釋，不好的事情發生了，我們無法給出任何合理的解釋。這類NF型人滿足於生活在這種神秘因果關係的思維模式中，他們會勇敢接受所有的為什麼和原因都不可知的現實，哪怕這樣的生活態度會讓NF型人顯得幼稚，甚至讓他們一直生活在否定之中，就像鴕鳥那樣，一旦遭遇危險便將頭埋在沙土中，不理不顧。

另一些NF型人則會將不快樂的事件歸咎於自己以外的某種力量。用這種方式來緩解壓力，排除煩惱，面對困難。

◆思維4：總是將時間定格在明天

NF型人的時間似乎被定格在明天；相對於現在，他們通常更關注未來的發展。對NF型人來說，現在發生了什麼不是很重要。

NF型人認為，生活和工作總是充滿了各種潛藏的事物，等待被我們發現和瞭解。他們常常被這些潛在的事物所吸引，並希望通過探索和瞭解它們所蘊含的意義，去發現事物真正的本質和價值。

◆思維5：寬宏大量，信賴包容

NF型人的目光始終聚焦於事物的內涵，很少關注事物的表象。他們關注的是人們能為對方做什麼，而不是人們之間究竟存在怎樣的隔閡。

L是一家大型製藥公司的董事長，一位擅長溝通、具有包容心的NF型人。五年來，L通過各種努力，終於擊敗了競爭對手，並成功收購了這家製藥公司。在公司例行會議中，很多人提議應該處理這家製藥公司的不良資產，包括大規模的裁員。因為在競爭中，這家製藥公司曾經使用了很多違反職業道德的手段，像樣不公平競爭、挖角公司的重要員工、散播假消息、利用媒體抹黑、盜取公司的核心技術、惡意誹謗公司的核心管理人員等。這些行為深深刺痛了公司每位員工，現在正是報復的機會。

L卻沒有這樣做，而是抱著包容的態度，否決了裁員的提議，熱情迎接那些來自被收購公司的員工，並且同工同酬，對兩家公司的員工一視同仁。

在新集團成立大會上，L發表了一番慷慨激昂的演講：「我們很清楚，這絕不是一種施捨。當然，我們會為各位提供一個家，一個可以安心工作的場所，而你們可以為公司注入新的血液，帶來你們的技術、智慧和努力工作的精神。因為你們的到來，我們的視野變得更加開闊，我們的公司也將變得更加生機勃勃，對此，我深表感激。……讓我們忘記以前的不快，共同努力，一起前進吧！」

毋容置疑，L的演講會給全體員工，包括那些敵視被收購公司的人帶來怎樣的觸動。不出兩年，新集團成為全球製藥業的頂級供應商。這是NF型人包容精神的具體展現。

NF型人注重人的感受與人際關係，他們能毫無條件地接納許多不同性情的人。即使他們被人唾棄、被視為無可救藥的人，NF型人也能在傷害他們的人身上看見閃光的潛力，不離不棄、一路扶持。當其他人都灰心喪氣準備認輸時，NF型人仍滿懷信心與期盼，充滿希望地看待困難。

◆思維6：熱情與憤怒的混合體

NF型人通常都感情豐富，是典型的性情中人。也就是說，一方面，他們很感性，容易動感情；另一方面，他們的情感來得快，去得也快。幸運的是，NF型人大都擁有一種積極的性格，因此他們的情感通常會以一種無比熱情的方式表現出來。尤其是在討論想法或分享自己的知識時，NF型人會顯得格外熱情洋溢，並且用他們的熱情感染周圍的每個人。**正因為如此，NF型人在團隊中通常扮演打氣筒和鼓勵的角色，不斷給團隊成員靈感、信心和鼓舞**。

不過，這種精力充沛的表現同樣有消極的一面。對於生活和工作，NF型人，無論男女老少，始終無法擺脫一種源自本能的困擾，即生存是一件痛苦與快樂並存的事情。在NF型人看來，成功的另一面是失敗，生活中和工作中的快樂與悲哀總是交替出現，所以NF型人的生活總是苦樂參半。

於是，當NF型人的理想和期望遭遇挫折，或是他們遭到了不公平的對待時，NF型人往往會勃然大怒。他們的熱情之火迅速演變成難以遏制的憤怒之火，以熊熊烈焰的方式來表達內心的不滿與抗拒。

◆思維7：信賴直覺

NT型人信任理性和理智的力量，而NF型人則信賴直覺的力量，這種直覺表現在他們的感受或是對人的第一印象上。對於自己的價值信仰，NF型人從來不需要借助基本原理的印證，或者說，他們根本就不用理性的力量來思考。對於某些結論，NT型人的邏輯論證雖然可以被接受，SJ型人所信賴的權威有時也是可信的，但是，對NF型人而言，他們更願意讓直覺為自己指引前進的道路。當然，並不是說NF型人不需要理性，只是對人們憑藉有限的理性，就對事物妄加臆斷的做法持懷疑態度，從這一點來看，NF型人對一切事物都存在質疑，他們寧可信賴自己的直覺，也不會依賴毫無信賴感的理性。

NF型人之所以會毫無保留地信賴自己的直覺，還有一個重要原因，就是NF型人認為只有自己才會如此肯定地認同他人，才能真正做到換位思考。**NF型人能「感受到他人的切膚之痛」，並且願意「設身處地為他人著想」，而這一切都意味著NF型人會下意識地將（他們認為的）人們的意願和情感納入自己的心靈**。

這種同理心或感同身受的體驗是如此強烈，連NF型人自己都驚訝不已，有時候，他們甚至會發現，自己正在按照別人的方式說話、談笑或行動。這種模仿完全是一種不由自主的行為，這通常不是NF型人的本意。可是NF型人的這種同理心或模仿能力，常常讓他們感到滿足，讓NF型人覺得自己可以洞察別人的心聲，準確獲知人們內心的想法或情感，無論這種洞察正確與否。

對於這種能力，NF型人應當格外小心，因為他們對別人釋放的同理心越多，就越想將自己的觀點強加給別人，或迫使人們接受自己認為的理想生活觀點。

◆思維8：渴望浪漫

關於NF型人，我們需要記住最重要一點就是：**所有NF型人都抱有一種不可救藥的浪漫情懷**。每一種類型的人都懷有一種渴望，有的人甚至希望自己的願望每天都能得到滿足。SP型人渴望獲得社會影響力，SJ型人期待歸屬感，NT型人渴望成功。NF型人也有自己的渴望，只不過，他們期望獲得的是浪漫。對浪漫的渴求，是所有NF型人都無法割捨或拋棄的情懷，浪漫對NF型人的成長、快樂和工作至關重要。

對NF型人來說，浪漫是生命中一種不可或缺的營養物質，如果缺乏浪漫的點綴，NF型人的人際關係會變得平淡無奇，索然無味，甚至會變得沉悶，毫無生氣。

在生活和工作中，實際的狀況很少能激發NF型人的熱情，他們關注的是各種意味深長的可能性以及浪漫的想法。如果NF型人的生活缺少了浪漫，他們就會努力營造浪漫的氛圍，並為他們的人際關係注入完美的感覺，哪怕這種完美的情感之花很快在殘酷的實現中凋零，NF型人也會樂此不疲，敢於付出。NF

型人會頻繁地投入對這類浪漫的付出之中。為了心中的浪漫，他們不惜付出大量的精力和情感。可是這一切最終被現實生活和工作中的衝突擊碎，伴隨著理想的幻滅而宣告結束。對NF型人來說，這樣的經歷無疑是痛苦的，這就是人們常說的，現實和理想之間的差距。

沉湎於浪漫關係中的NF型人遲早要清醒，在生活和工作中需要面對理想破滅後的現實，而NF型人處理這種情況的方式有兩種：要麼選擇繼續發展已有理想，要麼乾脆轉向其他新的理想，這些選擇會在很大程度上決定NF型人的生活經歷和工作狀態。

◆思維9：追求個性

在生活和工作中，NF型人會投入大量的時間來尋求自己的個性、自我意義和自己的重要性。這並不意味著NF型人喜歡以自我為中心，凡事只考慮自己的利益，或者說他們自私自利。NF型人對別人的關注程度，絲毫不亞於對自己的關注。不過，不管是對別人還是對自己，NF型人所關注的只有「自我」，他們眼中看到的、心中所想的，統統都是「自我」。

NF型人所關注的「自我」，並不等同於其他類型人所認為的那個「自我」。其他類型人的「自我」，不過是自己與別人的區別，或者說，不過是代表了自己的個人行為或觀點。然而，NF型人認為的「自我」是構成每個人的特殊部分：一種人性的要素，或者說核心本質，它能夠萌生出人的本性，是一個完全不同於社會人或組織人的概念。這種「自我」就是NF型人苦苦尋找的「真我」。

NF型人總是興致勃勃地尋找這種真我，並渴望成為真正的自己，或者說，完成自我實現，使自己的心理、生活和工作趨於統一和平衡。**NF型人常常將畢生精力投入自我實現中，不斷追求實現自我，不斷接近那個他們想成為的人，從而獲得真正屬於自己的價值定位**。

在NF型人眼中，完成自我實現無疑是一生中最重要的事業，而在他們出眾的語言天賦的影響下，NF型人完全可以將這一追求昇華為所有人都必須完成的壯舉。儘管這種探尋自我並非針對NF型人自己，但其他類型的人想到這一目標，都會感到心煩意亂。在NF型人看來，生活和工作中竟然有那麼多人不願意加入尋找自我實現的隊伍來，這的確是一件令人匪夷所思的事情。

可是，NF型人這種尋找自我的狀態卻出現了問題，因為從根本上來講，尋找自我的探索過程與最終找到自我這一結果本身，就是不可調和的矛盾。對NF型人而言，尋找自我是一種追求，一種將實現真我作為終極目標的追求，而這種追求自我的過程會逐漸成為NF型人生活的主宰。因此，NF型人最真實的自我其實就存在於他們追求自我的過程中。換句話說，他們的生活目標就是為生活尋找目標。可是，如果NF型人所追求的目標就是尋找目標的過程，他們應該如何實現這一目標呢？

一旦NF型人想伸手去摘取近在咫尺的自我，真正的自我反而會立刻遠離他們。所以，儘管NF型人決心成為真實的自我，但是，他們這一理想卻永遠無法實現。於是，在NF型人熱情洋溢的自我實現過程中，他們往往陷入一種悖論：只有當NF型人身處不斷追求自我的過程中時，他們才是真正的自我，一旦他們感覺找到了自我，NF型人會產生一種疑惑，反而覺得自己離真我越來越遠，不再是真正的自我。

NF型人應該記住一句話：「不要試圖去尋找目標，而是要發現目標。追求的東西太多了，最後必然什麼也得不到。」因為當NF型人在尋找目標的過程中，可能無法接受任何事情，也不允許任何人阻礙他們的尋找，NF型人一心只想著自己的目標，會忽視其他更有意義的事情。尋找意味著必須找到一個目標，有可能什麼也找不到，還會被現實摧殘得體無完膚；發現意味著一種過程體驗：自由、輕鬆、愉快、接受一切，擁抱現在的自己。

尋找會掩蓋發現的快樂與價值，因為阻礙探索自我的，恰恰是NF型人自己。有些NF型人理解了發現的真諦，找到了真實的自我，意味著他們終於放棄了完善自身的想法，徹底接受了自己，儘管自己並不像理想中那樣完美。可是，有些NF型人依然執著於探尋自我的追求，並深深地陷入了自我分割和自相矛盾的複雜境地：他們越想找到那個理想化的自我，在探尋過程中所遭受的挫折感就越強。

◆思維10：重視認可

要想進入NF型人的內心，我們只需告訴他們：「我瞭解真實的你，那個站在你必須扮演的社會角色和必須佩戴的公共面具背後的你。」也就是說，**要想讓NF型人感覺自己受到了賞識和認可，我們必須與他們坦誠相待，正面相遇，按照NF型人的說法，我們需要「符合他們的世界觀和價值觀」**。

NF型人在生活中常常會產生一種遭人誤解的感覺，他們覺得沒有人瞭解自己，他們也常常因為一些迫於社會現實而扮演的各種角色被人誤解。相對於其他類型的人，NF型人的這種感覺最為強烈。所以，NF型人只有覺得已經被別人瞭解之後，才會感覺受到了重視，對他們而言，從自己在乎的人們那裡獲得認可是一件十分重要的事情，每一次的認可，都會給予NF型人帶來極大的滿足感。

◆思維11：渴望成為聖賢

在NF型人看來，聖賢顯然是最值得敬畏的人。在他們眼裡，所謂聖賢，就是那些克服了物質和世俗的顧慮，並且渴望獲得哲學家式人生觀的人們。

NF型人認為，超越物質世界，能得到洞察事物本質的能力；超越感官，能得到感知人們心聲的力量；超越自我，才能感受到與世界、與生活、與工作的和諧；超越時間，才能深刻地反思過去，理解現在，規劃未來。所有這些都是聖賢所擁有的崇高目標，同時也是NF型人推崇和敬重的追求。

◆思維12：具有強大的感召力——催化劑式的領導

NF型人的領導角色不同於其他三類人，因為他們在團隊裡發揮的是一種催化劑的作用，他們會運用自己特有的感召力，號召團隊成員精誠合作，同時幫助團隊保持高昂的士氣，從而加速、推進工作的進展，或者為工作注入精力和活力。

由於NF型人具有親和力，看重互動式的人際關係，喜歡親自參與每一段關係，因此，當他們作為領導者時，會採取親和力十足的方式。對NF型人而言，他們需要透徹地瞭解團隊中的每一個成員，並通過溝通與員工保持聯繫。所以，NF型人在工作中常常親和有餘，而冷靜不足，他們的這種工作方式有時會使事情變得複雜，尤其是作為企業的高級主管，需要同時與多人保持聯繫時。大家只需記住一點，NF型人與其他類型領導者的不同在於：NF型領導者關注的焦點是團隊成員的良好感受，而非工作本身。

第三章　深思熟慮的NT型人

MBTI將理性者界定為「憑直覺思考」型的人，簡稱NT型人。這類型的觀點及行為方式都較為「抽象」，且「善於分析」，有「較強的能力」。同時，NT型人思想複雜，對凡事都感到很「好奇」，注重高效率的他們對所有事情的要求都十分「嚴格」，而且他們自身極其聰穎和獨立，與生俱來擁有很強的創造力和邏輯能力。他們通常具有較高的「科學素養」、「做事有條理，喜愛鑽研且擅長理論工作」。

小雪，NT型人，是一家IT公司電信業務事業部的總監助理，負責處理部門日常帳目、項目核算、記錄等工作。她始終如一的可靠表現，使整個部門毫無後顧之憂，從不擔心工作會出錯。她的努力奉獻，感染了所有員工，每個人都有一種歸屬感和安全感，特別是在月底結帳、核算項目、發放工資的時候。

如果NF型人成為領導者，他們這種認真穩健的特點也會表現在領導風格上，NT型領導者不會輕易指派員工擔任重要位置，除非這個員工能在小事上證明自己的可靠，然後才能得到NT型領導者交付的其他任務。

小雪的上司劉總也是一位NT型人，他非常信任小雪，不久他提升小雪擔任客服部經理，將維繫客戶關係的重責大任交給小雪處理。劉總非常瞭解小雪，知道把維繫客戶關係的工作託付給這名可

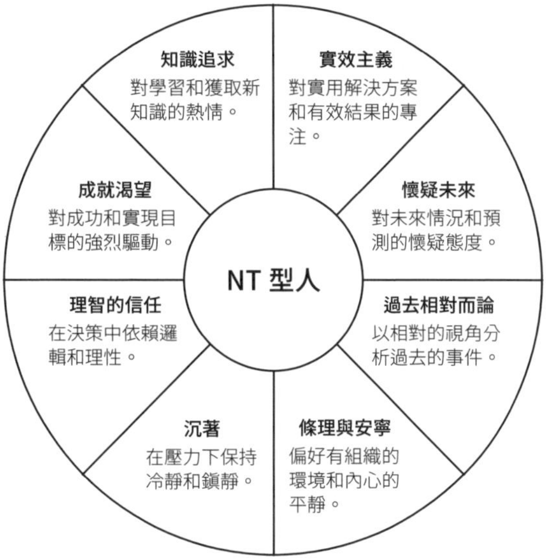
NT 型人
知識追求
對學習和獲取新知識的熱情。
實效主義
對實用解決方案和有效結果的專注。
懷疑未來
對未來情況和預測的懷疑態度。
過去相對而論
以相對的視角分析過去的事件。
條理與安寧
偏好有組織的環境和內心的平靜。
沉著
在壓力下保持冷靜和鎮靜。
理智的信任
在決策中依賴邏輯和理性。
成就渴望
對成功和實現目標的強烈驅動。

圖十　NT 型人的思維特徵

靠穩健的員工，小雪絕對能完美地完成任務。小雪也非常瞭解劉總，知道這位上司是可以信賴的人。兩位NT型人攜手，共同打造了一個充滿和諧、積極向上的團隊。

SP型人是嚴厲突擊者，他們追求控制權，不惜一切代價完成任務。NF型人是引人注目的代言人，是熱情、善於溝通和協調的鼓動者。SP型人與NF型人通過各自的方式塑造環境，然而生活和工作中也需要腳踏實地、穩定可靠的人，這就是「穩定隨和，善於思辨探索」的NT型人。（圖十）

◆思維1：以注重實效的態度面對一切

不同性格類型的人看待生活和工作的方式自然有所不同。SP型人務實；NF型人恪守利他主義的觀點；謹慎者時刻關注他人當前的需要及職責。NT型人會從講求實效的角度分析和解釋身邊的一切。一旦我們接納了NT型人這種實用主義，那就意味著我們需要一邊關注「方式與結果之間的關係」，一邊要留意達成目標後所得到的「實際價值」。因此，**NT型人作為實用主義者，他們不僅要採取高效率的方式來實現自己的目標，還必須在付諸行動前就預計到自己的行為能夠產生的實際價值**。

因此，NT型人往往採用被稱為「最大—最小」法的解決方式，即以最小的努力換取最大的回報。「最小的努力」，並不是因為NT型人懶惰，事實上，他們絕不懶惰，而是對浪費時間和精力感到煩惱。在NT型人看來，很多人似乎對行動的結果並沒有一個十分清晰的認識，所以無法獲取最有效的行為方法。在NT型人看來，只要有可能，自己就有義務為其他人選擇最高效的工具、資源和行為方式；如果手頭並沒有合適的方法，自己有義務為他人設計和創造出高效的工具和方法。總之，NT型人必須確保既定目標能夠以最高的效率獲得實現，因為NT型人最關注的莫過於效率問題。

面對習慣、制度和規則，NT型人的態度既不是充滿了敬意，也不是沒有感情可言。他們會通過一種實用主義的觀點來打量它們，把習慣當成是解讀歷史的工具，用它來避免錯誤的發生。**NT型人時刻牢記「前事不忘後事之師」的格言，同時，他們十分痛恨那些導致相同錯誤一再發生的行為**。只要這些慣例能避免錯誤就夠了，絕不會將它們當成行動的指南，一旦完成了這一目標，NT型人就會毫不猶豫地拋棄它們，以免它們成為束縛自己想法的「緊箍咒」。

在現實中，NT型人這種對習慣和規則的輕視會遭到抵制和譴責。尤其是NT型人和謹慎者（C型），會對NT型人這種無視慣例的行為給予嚴厲的譴責，這必然會導致雙方的交流出現障礙。

◆思維2：展望未來時總是多疑

在預見未來時，NT型人對一切都充滿了懷疑。他們覺得，所有人的努力，甚至包括自己的奮鬥，都躲不開錯誤的糾結。**在NT型人看來，沒有任何事情是完全正確的，所有事情都是不確定的，而且很容易受到錯誤的侵襲：感覺、流程、習慣、規則、產品、方法和結果，以及所有觀察和推論。因此，在NT型人眼中，所有的一切都值得懷疑。**

既然一切都存在不確定性，最明智的做法就是，在確立目標或付諸行動之前，需要仔細和長時間觀察，不然，很有可能會忽視那些導致秩序或組織出錯的結果。

NT型人這種懷疑精神使他們能夠深思熟慮，注重長遠，具有戰略眼光，避免錯誤的發生，或將錯誤消滅在萌芽狀態。但也會成為NT型人性格中的一個弱點，他們為了避免錯誤，會在行動前反覆衡量、不斷假設，希望能窮盡所有的「可能」，使自己的付出既能做到「成本最小化」，又能達到「產出最大化」。因為在NT型人看來，錯誤會導致反覆，不僅增加了成本，還會影響效率。但是，很多時候，NT型人這種避免錯誤的希望，帶來的卻是拖延、猶豫和遲緩，反而導致低效率的結果，這是NT型人萬萬沒有預料到的事情。

◆思維3：回望過去時的相對而論

NT型人對待過去的態度有些特別，一方面，他們可能會從實用主義的原則出發，採取任何一種方式來為過去發生的事情尋找合理化解釋；另一方面，在更多時候，他們通常會從一種相對的角度來看待過去發生的一切。**在NT型人看來，事件本身並無好壞之分，真正決定事件性質的，是我們看待它們的方式。NT型人認為，所有事情都是相對的，一切都取決於參照物**。

這種相對而論的處理挫折和問題的方式，使NT型人逐漸形成了一種「以自我為中心」的觀念。NT型人認為，其他人，甚至包括那些關心自己的人，根本無法像自己所希望的那樣，分享自己的見解和想法，瞭解自己的思想，更無法切身體會到自己的希望、需要和情感。這種缺乏同理心的觀點，會使NT型人在生活和工作中蒙上一層主觀的色彩，只從自己的立場對待一切人、看待一切事，讓人們感到NT型人「自私、自戀和自傲」。但是，這並不是NT型人的本意，因為他們天性是善解人意、順和的，只是他們相對而論的觀念影響了自己的判斷。

◆思維4：偏愛條理與安寧

既然**NT型人偏愛穩定不變的環境，講究組織與秩序，因此NT型人最善於處理日常瑣事，他們會將一切安排妥當，使工作井然有序**。

在NT型人的生活和工作中，改變是不受歡迎的。他們安於現狀，墨守成規，抗拒改變。在工作中，即使是優厚的報酬與待遇，都不能動搖NT型人對改變的反感。

小謝是一家大型文化集團的副總裁，他對NT型員工這個特點深有體會，因為他領導的一個部門，幾乎都被NT型員工占領了。他說：「假如你強迫NT型員工做出改變，他們的工作速度會每況愈下，從沉著緩慢到黏滯爬行，最後徹底停止不動！」謝總嘗試在這個部門實施改革，帶來新的氣象，結果困難重重，吃力不討好，被NT型員工諷刺為「沒事找事」，這一切令謝總疲憊不堪，只得停止改變。NT型員工最終勝利了，整個部門就變得更加保守了。

改變是對的，但我們需要先理解NT型人，不要將這種個性特點視為無能與怯弱，要有策略，講究方法，有智慧地幫助NT型人面對改變。

要NT型人做出改變，首先應該知道，他們通常會變得行動遲緩、瞻前顧後，這是NT型人對改變的普遍回應。其次，要給予NT型人時間，讓他們逐漸適應改變，作出積極的回應，而不是激起他們的反感和抗拒。最後，允許NT型人與其他同樣面臨改變的人交流分享。要記住，穩定是NT型人最核心的需求。

如果找到行動的捷徑，對NT型人來說，是一次自我實現的機會，會受益匪淺，因為承認讚揚NT型人的貢獻，能使他們欣慰快樂，幹勁十足。

◆思維5：本性沉著鎮靜

NT型人崇尚的是安寧鎮靜的心境，尤其是在高壓之下，當周圍的事物都陷入一片混亂時，這一特徵更是特別明顯。他們會保持冷靜，泰然自若地面對一切。即使無法迴避這些躁動的心情，NT型人也會盡可能不將興奮、熱情和憂慮表露出來。

但是NT型人這種特徵常常被誤解，被人們貼上「故作鎮靜」的標籤。事實上，由於NT型人不願將內心的情感或意願表達出來，他們常常因此受到別人的批評，指責他們是「冷酷無情、目中無人、高傲自大」。然而，這只是表象，並不是說NT型人真的對身邊的人或事漠不關心，而是他們將全部精力和想法都投入到了專注的研究和沉思當中。這些效率至上的思考者小心翼翼地約束自己的情感，同時控制自己的行為，就是為了不讓它們擾亂自己的思考和研究，或影響研究結果。

其實，NT型人並不像表面上看起來那麼冷漠和自傲，他們的情感和其他人一樣熾烈而濃厚，只不過，他們對情感的約束和控制力度遠遠大於其他人。

◆思維6：信賴理智

唯一能讓NT型人無條件信賴的就是理智。他們完全不信任那些有名無實的權威，在NT型人看來，只有理智才具有普遍性和永恆性，也只有理智的法則才是唯一毫無正義的準則。所以，在NT型人眼中，「如果人們願意一起運用理智來思考」，那麼，再複雜、再困難的問題也能順利解決。因為，理智的力量可以避免錯誤，以較少的成本，提高效率，完成目標。

◆思維7：渴望成就

NT型人迫切地渴望取得成就。有的人可能會認為，這些看起來冷靜、喜歡沉思的人並沒有任何強烈的欲望。然而，令人沒想到的是，在這看似平靜的外表之下，竟然隱藏著一顆熱切盼望達成目標的心。一方面，NT型人熱衷於獲取知識，並且很希望成為一個富有創造性的人；另一方面，他們也會關注自己的目標，為實現目標不懈努力，但NT型人的這種渴望卻從未得到充分的滿足。

在渴望成就的欲望驅使下，工作成了NT型人唯一的目標。對他們而言，工作是工作，遊戲和休閒還是工作。指責NT型人無所事事是對他們最嚴厲的批評。不過，NT型人工作並不是為了追求行動中產生的樂趣，也不是獲得安全感，更不是為了尋求幫助他人的樂趣。他們全心全意工作只有一個目的：實現自己的目標。的確，一旦進入工作狀態，NT型人便會不由自主地投入全部的精力和時間。不幸的是，每當這個時候，推崇理智的他們卻往往「失去理智」，對於別人和自己提出過於苛刻的要求，制定過高的標準，並在工作的壓迫下變得焦慮、抑鬱和緊張。在這些高標準的嚴格要求之下，NT型人頻繁地在自己選擇的領域取得不俗的成就，這實在不足為奇。

為了實現目標，取得非凡的成就，NT型人必須獲取更多的知識和更高超的技巧，他們會一邊工作，一邊瘋狂學習，用盡一生學習各種技能。

NT型人對成就的渴望十分強烈，使他們常常為無法滿足自己設定的標準而倍感失落。總認為自己做的還不夠好，經常感覺自己正徘徊在失敗的邊緣。為此，NT型人會常常心煩意亂，焦慮憂愁。

更糟糕的是，在這種感覺的驅動下，NT型人會不斷地提高他們的成就標準，以自己的極限作為衡量成就的標準，這就大大增加了他們獲得成就的難度，於是，任何沒有達到極致的工作都被他們視為失敗。為此，NT型人會不斷懷疑自己，同時因為迫在眉睫的失敗而惶恐不安。

◆思維8：追求知識

追求知識是NT型人一生的目標。他們對知識的追求包含了兩個標準：必須了解知識的「掌握方法」和「內涵」。了解內涵是指要明白事件發生所需的所有必要條件；了解掌握方法，就是理解操作能力和技術的局限，以及工具的潛在效力和約束。面對知識，NT型人從來不會簡單地就事論事，當他們問「為什麼」時，NT型人真正想問的其實是「怎麼回事」或「怎麼會這樣」。

當然，**實用主義的原則決定了NT型人追求知識的實際目的，他們對知識的追求是為實現目標服務的**。這種「追求實效性知識」的願望，在NT型人很小的時候就形成了，然而像一顆種子，在他們心底紮根，而無窮無盡的好奇心就是最好的養分，對成就的渴望就是動力。他們在問「為什麼」時，想得到的答案卻是「怎樣做」。

這種對知識的追求常常使NT型人陷入許多複雜的問題中，而且所涉及的領域會越來越寬。隨著他們對實現目標的渴望，NT型人獲取知識的要求也會越發迫切。

◆思維9：重視敬重

對於NT型人，我們既不能期望用慷慨大度打動他們，也無法用感恩來獲取他們的歡心，更無法通過認可來取悅他們。因為在NT型人看來，唯有當他們的成就得到人們的讚美和敬重時，尤其當這種讚美揭示了他們成就的理性色彩時，NT型人才會心花怒放。

不過，NT型人卻無法開口向他人索討這種讚美和敬重。這種敬慕之情的表達，只能是一種他人的自發行為，是他人有感於NT型人的工作而抒發的一種感情。當然，**按照NT型人的觀點，如果他們沒有取得自己所認為的成就，別人的贊許會被NT型人當成一種「客套」或「恭維」，對他們來說是毫無意義的。然而，如果NT型人認為自己已經取得了不俗的成就，他們對別人的敬重和讚揚會顯得無比興奮和高興**；如果別人沒有滿足他們的期待，表示敬重，NT型人會倍感失望和傷心。

由於NT型人所達成的成就通常具有高度的技術含量，且複雜性和挑戰性也相當高，比如設計電腦晶片、規劃藍圖等，在絕大多數人眼中只是個十分模糊的概念，所以很難評價或認可創造者的成就。許多取得輝煌成就的NT型人常常只能當無名英雄，只能從他們的家人、親近的同事，以及自己那裡獲得尊敬和讚賞。**NT型人非常重視自身的思辨素質和戰略規劃能力，他們往往會成為一名技術奇才，尤其是科學天才，作為自己奮鬥的目標**。只要對NT型人的素質和特點稍加分析，我們就會發現他們作為科學家的潛力；只需稍稍瞭解他們所崇拜的偶像，就會明白奇才代表的含義。

◆思維10：擅長思辨和戰略規劃——預想家式的領導

由於擅長思辨和戰略規劃，NT型領導者常常對組織或公司的整體面貌和長遠發展有一個預先的認識，或者說，他具有先見之明。**NT型領導者往往高瞻遠矚，考慮周全，絕不會在計畫中遺漏任何重要的環節或步驟**。NT型領導者通常能清晰明確地向下屬表達自己的洞見，並用美好的想像感染整個團隊，使每位成員都滿腔熱情地投入到預想的事業之中。

第四章　審慎克己的SJ型人

MBTI將護衛者定義為「憑感覺決定」的人，簡稱SJ型人。這種類型的人性格「保守」，能夠「持之以恆」，因此值得「信賴」。SJ型人注重細節和實際，工作勤奮且任勞任怨，有耐性，不屈不撓，循規蹈矩，感知力強，且「可靠」。他們既是秩序和規則的捍衛者，也是意志堅定的支持者。

小崔是財務部的總監，SJ型人，管理著一支個性模式不同的團隊。預算經理小范是SP型人，花了好幾天的時間撰寫公司的年度預算報告。在提交集團預算委員會審核的前一天，小范建議預算部一起外出聚餐，放鬆一下，希望得到小崔的批准。

小崔不理解為何提交報告之前，小范要提議聚餐。對小崔來說，小范應該一心一意對報告進行最後的修訂。他的看法與小范的想法南轅北轍。小范覺得要進入最佳狀態，就必須放鬆心情，這樣才能精神百倍地迎接挑戰。小崔苛求精準，要做到分毫不差，結果犧牲了與同事加深瞭解的大好機會。過度追求完美也有消極影響。

助理總監小孫是一個NF型人，她幫助小范化解了潛在的衝突。通過小孫的一番勸說，小崔覺得小范的要求情有可原。小崔凡事強調計畫穩當，而小范渴望擺脫一成不變的工作狀態。後來，雙方相互理解，化解了誤會，通過協商找到彼此都滿意的辦法。

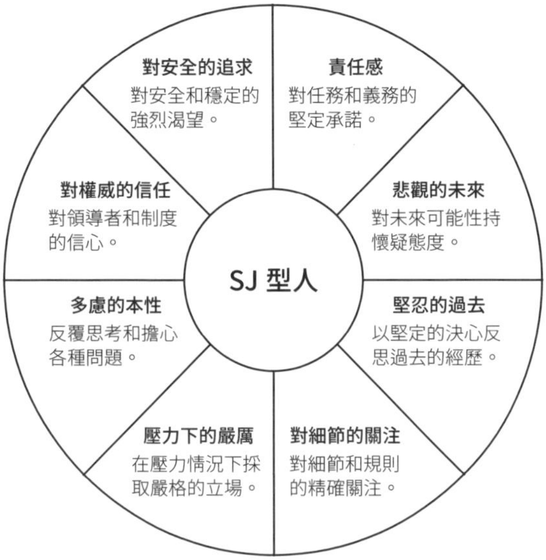
SJ 型人
責任感
對任務和義務的堅定承諾。
悲觀的未來
對未來可能性持懷疑態度。
堅忍的過去
以堅定的決心反思過去的經歷。
對細節的關注
對細節和規則的精確關注。
壓力下的嚴厲
在壓力情況下採取嚴格的立場。
多慮的本性
反覆思考和擔心各種問題。
對權威的信任
對領導者和制度的信心。
對安全的追求
對安全和穩定的強烈渴望。

圖十一　SJ 型人的思維特徵

我們已經知道SJ型人關注任務，全力以赴追求目標，他們喜歡按照自己的規則行事；NF型人能言善辯，善於鼓勵，激發人們的積極性；NT型人則是不動搖的基石，擅長思考，忠於職守，無私奉獻。

有時僅僅完成工作是不夠的，我們渴望得到好的結果，順利完成任務，是通往完美的台階。幸運的是，有人仍在孜孜不倦地追求完美，這就是「謹慎細緻，提供護衛支援」的SJ型人。（圖十一）

◆思維1：盡職盡責地面對一切

SP型人會從務實的角度看待周圍的一切，而SJ型人卻是懷著盡職盡責的思想面對一切，最能體現這一思想的，就是他們的勤奮工作和精打細算。這兩種角度有各自的道德依據，並沒有孰好孰壞之分。對SP型人而言，與其做一件不能快速獲得回報的事，還不如不要做；可是在SJ型人看來，如果工作需要，那就必須將它完成。他們覺得勤奮工作和積累財富是每個人與生俱來的義務，只有如此，我們才能豐衣足食，家庭才能蒸蒸日上，公司才能日益興隆。

SJ型人這種盡職盡責的觀點早在幼年時就已經能初見端倪。他們會毫無怨言地接受家庭或學校分配的任務，並制訂詳細的計畫，準時而確實地完成。隨著他們逐漸長大，SJ型人也越來越重視勤奮工作和精打細算。即使在退休以後，SJ型人仍然會一如既往地勤奮工作，同時精打細算地過生活。

SP型人認為財富生不帶來死不帶去，一定要在當下享受財富帶來的喜悅。可是**SJ型人**卻不認同這樣的看法，他們**隨時隨地都十分節儉，在「節儉＋工作」的觀念指引下，SJ型人永遠不會退休**，這個觀念將陪伴他們一輩子。

◆思維2：展望未來時的悲觀

由於SJ型人將大部分精力都用於約束他人的行為，以及維持快速發展和變化的現狀，所以他們逐漸養成了「做好最壞打算的習慣」。的確，哪怕是匆匆一瞥，人們也能察覺出SJ型人那悲觀憂鬱的想法，而他們這種消極思想恰恰與SP型人「船到橋頭自然直」的樂觀態度，形成了鮮明的對比。**在SJ型人眼中，做好準備比什麼都重要，因為只有這樣才能隨時應對可能發生的不利情況**。但我們不能因此得出結論說：SJ型人杞人憂天，危言聳聽。相反地，SJ型人這種未雨綢繆的做法，其實是一種現實的反映。

雖然SJ型人並不會欣然承認自己的悲觀想法，可是只要稍有壓力，他們便會坦然認可這一切。當然，從個人角度出發，SJ型人也願意像SP型人那樣，表現得樂觀一些，然而他們卻很難擺脫與生俱來的憂慮。SJ型人常常會為各種可能出現的危險或意外而憂心忡忡，事實上，這樣的事情經常發生。SJ型人的這種悲觀態度很好地詮釋了「墨菲定律」：任何可能出錯的事情，最終難免會出錯。

◆思維3：回望過去時的堅忍克己

展望未來時的未雨綢繆與回望過去時的堅忍克己，自然不可同日而語。儘管SJ型人總是對未來憂心忡忡，可那畢竟只是擔憂，不是期望。如果擔憂變成了現實，他們又會如何解釋那些錯誤、失敗、損失和挫折呢？

當面對困境時，SJ型人既不會像SP型人那樣抱怨壞運，也不會像NT型人那樣責怪自己。相反，**信奉堅忍克己的SJ型人認為：生活和工作中的痛苦和磨難是不可避免的，應該勇敢、耐心地承受屬於自己的苦難**。這種觀念使SJ型人具有一種高度忍耐的精神；當然，也會使他們安於現狀，渾渾噩噩，得過且過，拒絕改變。

◆思維4：總是將目光的焦點落在昨天

SJ型人這種對過去的態度還會衍生出一種觀點：**SJ型人目光的焦點總是落在昨天，對昨天有一種難以忘卻的情懷。作為傳統、規則和秩序的守護者，SJ型人這種定格在昨天的態度，恰恰是為了保持傳統、習慣和規則的延續**。這意味著，SJ型人通常不會像樂觀的SP型人那樣只關注現在；也不會像熱情的

NF型人一樣，眼中只有明天；更不會像崇尚思考的NT型人那樣，將目光聚焦於抽象的永恆。

對SJ型人而言，他們的全部思想都集中在昨天，微笑著凝視那些逝去的美好時光：「那時，我們為了生計而忙碌；那時，我們會用真材實料來生產貨真價實的產品；那時，公司秩序井然，人人都遵守規則。而現在，一切都變了，人們變得懶惰；不再像當初那樣細緻和認真；公司混亂不堪，人人都違反規則。」在SJ型人看來，這一切都是不遵守傳統、規則和習慣所造成的惡果。那些新的、突發奇想的創新，不僅是對久經考驗的傳統的公然冒犯，而且只會把一切搞得更糟。

也許正是出於這種對過去的崇敬之情，SJ型人才會比其他人更鍾情於習慣，忠實於日常生活和工作中的慣例。按部就班，一板一眼，細緻認真是他們為人處世的原則。SJ型人常說：「老方法就是最好的方法。」這種對過去的情懷，使SJ型人成為維持習慣、規則的守護者；但也會變成舊秩序的衛道士，阻撓改變，壓制創新，使周圍的一切變得死氣沉沉，毫無活力。「讓守舊的人接受新鮮事物會困難重重」，這句話是對SJ型人最好的詮釋。

◆思維5：壓力之下表現嚴厲

SJ型人不會單獨一人追求品質與秩序，相反，他們不僅對自己要求嚴格，對他人同樣吹毛求疵，尤其是在壓力之下。假使我們對他們作出承諾，SJ型人會期待我們信守約定，貫徹到底；如果情況有變化，就要準備好洗耳恭聽SJ型人的「諄諄教誨」。但物極必反，過度追求完美有時只會產生消極作用。

小艾是一家房地產集團人力資源部的員工關係管理師，SJ型人。最近公司的一個商業地產開發計畫被競爭對手知道了，造成公司的損失。經過調查是商業規劃部的一名員工在不經意間，將計畫透露給了朋友，而這位朋友與競爭對手有著商業上的來往。公司決定處分這名員工：減薪和扣發獎金，並降級處理。如果員工不服公司的決定，公司將採取法律措施予以解決。這個任務自然落在小艾身上。

小艾對這名員工不遵守規則的行為十分痛恨，決定嚴格執行公司的決議，代表公司完美地處理這件事。這名員工無條件接受公司的決定，並表示了深深的歉意。公司看到這名員工真誠的悔改，便收回對他的懲處。但小艾卻對公司的做法感到憤憤不平。

公司的寬大和人性化管理方式沒有讓小艾感到喜悅，他怒火中燒，滿腹牢騷。他對公司這種沒有原則的改變感到不滿，惱怒公司沒有執行預先制定好的懲處計畫。雖然小艾的行為看起來有些荒唐可笑，但這真實地反映了完成預訂計畫，在SJ型人的心中占有至高無上的地位。

即便計畫變動帶來了正面的效果，使四萬名員工感受到了公司以人為本的管理精神，但這對小艾來說卻是無關緊要的。SJ型人關注的是規則和秩序，是對計畫完美的執行，至於計畫帶來何種結果，則不是他們所關切的。

如果SJ型人在壓力下產生負面情緒，我們要做到：耐心對待他們，不要指責他們的無知與固執，允許他們表達感受，讓SJ型人得以發洩而不必擔心受到懲罰。在SJ型人充分表達了不滿，釋放完壓力之後，我們再回答他們的問題，巧妙引導SJ型人從另一個角度認識問題，糾正他們消極的思維方式。

要記住，**SJ型人非常敏感，很容易感到壓力，指責、嘲笑和批評只會加重他們的壓力，使SJ型人變得吹毛求疵、嚴厲苛刻，隨時準備還擊，或者採取逃避、退縮來緩解壓力**。無論哪一種方式，都不利於SJ型人的成長，還會影響他們的職涯發展。

◆思維6：本性多慮

在絕大多數時間裡，SJ型人通常顯得有些多慮。他們關心自己的工作、家庭，甚至是鄰居。他們常常為了自己的職責、工作、健康，以及財務狀況而焦慮，經常會為穿搭和守時問題憂心忡忡。無論是驚天動地的大事，還是雞毛蒜皮的日常小事，都是SJ型人關心的問題。當然，每個人都有自己關心的事情，只不過，其他人關心的範圍不會像SJ型人這樣廣闊，程度也遠遠低於他們。用「憂國憂民」來形容SJ型人，再適合不過。

這種**對任何事都竭盡心力的心態，使SJ型人很容易受到消極情緒的影響**。他們十分關心社會的發展走向，只不過，很多時候，SJ型人的關心似乎顯得有些杞人憂天，尤其是在面對他們愛戴和珍視的人。在許多SJ型人眼中，社會似乎從未停止衰落的腳步，傳統、秩序、規則早已不像過去那樣單純而質樸，人們似乎也不像從前那樣對它們充滿敬意。「這個世界究竟要走向何處？公司到底如何經營才能蒸蒸日上？」這些都是SJ型人常思考的問題，即使是最快樂的SJ型人，一想到這些問題，也會不由自主地蹙起眉頭，開始為身邊的一切感到焦慮不安。

這並不是說SJ型人總是愁眉不展，不知快樂為何物。實際上，SJ型人通常都具備很強的幽默感，因此他們身邊總是不乏朋友相伴，他們往往過著充實而愜意的生活。只不過，即使是一件小事，SJ型人總能發現一些令人擔憂的問題，他們開始思考：「這件事有問題呀！應該仔細想想，第一個問題是……」

◆思維7：信賴權威

SJ型人信賴權威，因為權威象徵秩序、規則和制度。SJ型人認為，人與人之間就應該有上下之分；人們在社會、社區、學校、公司和家庭中的一舉一動，都應該受權威的管理和監督。尤其是在教育和醫療領域，SJ型人對權威人士的信賴簡直到了癡迷的程度，「毋庸置疑，醫生最清楚一切」。此外，SJ型人還會對政治人物、名人、商界的成功人士、企業中掌握權力的主管，表現出一種絕對服從的信任感。他們似乎對任何形式的權力都充滿無與倫比的信賴和忠誠。

許多SJ型人都相信，一種更加崇高的權威一直在監督我們的言行舉止，規範我們的日常行為，保護我們賴以生存的環境。**SJ型人信奉一句話「對那些無視秩序和權力規則的人，永遠不要露出善意的微笑，因為制定這一永恆規則的正是我們信賴的權威」**。

SJ型人對權威的絕對信任早在幼年就已經顯現出來。在幼稚園的一個班級裡，我們會看到這樣的情境：有將近一半的孩子會認真聆聽老師的教誨，嚴格遵照老師的要求做他們「應該做」的事情，這無疑是SJ型人；剩下一半的孩子，大多數是SP型人，會無視老師的存在，嬉戲打鬧，快樂無憂地玩耍；少數的NF型人和NT型人，他們的自我意識似乎更加強烈。往往會沉浸在自己的思考中，通常不會受周圍混亂情況的影響。這些性格特點會在今後的工作中展現出來。

◆思維8：渴望歸屬感

也許是為了在某種程度上滿足自己尋找安全感的需要，SJ型人除了對自己工作組織的關注外，往往傾向於加入一些社會團體和公共團體。對SJ型人而言，維持自己在這些社團中的成員身分具有十分重要的意義。**SJ型人對歸屬感的渴望幾乎到了無以復加的程度，他們甚至需要每天都確認自己是一名聲譽良好的團隊成員**。因此，與其他人相比，SJ型人更加熱衷在自己的生活範圍內建立和扶持各種各樣的組織：志工服務團體、家長會、社會服務小組、市政團體或政治組織，以及職業工會。對SJ型人而言，這些五花八門的成員身分不僅能讓他們「感到自己作為一名傑出公民的重要性和可靠性」，還能幫助他們在行業和公司裡贏得廣泛的尊重。

◆思維9：追求安全感

SP型人是「感覺尋求型」性格的人，NF型人是「身分尋求型」性格的人，NT型人是「知識尋求型」性格的人，而SJ型人卻對上面三種追求不感興趣。與感覺、身分以及知識相比，SJ型人所追求的目標更為緊迫。畢竟，他們比其他類型的人更瞭解生活中存在的危險，SJ型人就是那個時刻保持警惕，預防更壞的情況發生、隨時保護我們安全的人。

SJ型人比其他人更清楚：「我們其實生活在一個危機四伏的環境中，那些潛在的危險隨時有可能給我們當頭一擊。我們的財物可能會丟失或被竊盜；我們的健康可能會每況愈下；我們工作的公司隨時可能會倒閉，或者我們隨時可能被公司辭退；我們與他人的關係隨時可能會破裂。這個世界有可能在不知不覺中變得越來越糟糕。」正因有這些不安的想法，SJ型人才會如此信賴權威、制度和秩序。制度是存在於這個世界中的安全堡壘，秩序是保護這個堡壘的護城河，而權威就是守護這個堡壘的將軍。至於SJ型人自己，就是服從將軍的士兵。因此，SJ型人往往毫不猶豫地將自己的一切投入到建立和維護這個堡壘的工作中，時刻保持警惕，提防生活的不安全因素，尋找防禦的辦法，保護自己，也保護他人，力爭獲得永久的安全。

因此，**SJ型人是「安全尋求型」性格的人**。在這樣一個充滿危險和動盪不安的社會裡，能夠擁有一群如此關注安全的守護者，的確是一件令人感到欣慰的事情。「行事穩健，勝過事後遺憾」，是SJ型人的座右銘。

◆思維10：重視感恩

與其他類型的人相比，SJ型人更加珍視他人對自己的付出所表現出來的感激之情。如果他人把SJ型人的服務認為是理所當然的事情，毫無感恩之心，通常會讓SJ型人感到尷尬和沮喪，甚至心煩意亂。只不過，SJ型人從來不會向他人說起自己的這個煩惱。

事實上，再沒有比SJ型人更值得我們感激的人了，他們總是無私且盡心盡力地支持著身邊的每一個人、每一件事，從未有過絲毫的懈怠。然而，在所有人中，SJ型人也是最不善於要求他人表達感謝的人。這大概是因為他們是所有人中最早轉換自身職能角色的人：從接受照顧的孩子到提供保護的父母。

在SJ型人看來，父母的職責遠比「父母」這一帶有感激意味的稱謂更加重要。

SJ型人對個人職責的關注很自然會衍生出這樣一種結果：他們幫助別人，經常做一些吃力不討好的工作。這些工作在他人眼中既瑣碎，又顯得無關緊要，比如，打掃環境、清洗衣物、做記錄，以及那些與後勤需要相關的常規且繁重的，同時也十分關鍵的工作。這些工作的本質決定了它們常常被人們忽視，而最後的結果是，完成這些工作的SJ型人並不會得到他人的感謝。只有當這些工作沒有被人完成時，人們才會注意到他們的存在。

最終，SJ型人可能會憤憤不平地抗議：長期以來，他們一直在辛勤工作，而他們的付出卻從未引起任何人的注意。SJ型人會通過各種方式向人們傳遞信號：「畢竟是我完成了工作，而我唯一想得到的就是你們的感謝」。這樣的抗議的確很有必要，因為那些接受幫助的人，往往會忘記感謝那些幫助過他們的SJ型人。

◆思維11：立志成為維護秩序的管理者

許多SJ型人的最高理想就是成為一家機構的傑出領導者：管理大小事務、指揮操縱、大權在握、維護規則，管理和約束不遵守傳統的人。總而言之，成為一名「維護秩序的管理者」，強烈吸引著SJ型人那顆渴望正當行使權力的心。

SJ型人信賴權威，因為權威可以利用手中的權力維護傳統。因此，成為權威，就能守護傳統。這樣來看，**SJ型人渴望成為領導者，動機依然是基於對傳統、規則和制度的維護。因為執掌整個機構的運**

作，這對SJ型人來說，無疑是最具權威性的管理者。他們可以動用一切資源，用傳統和制度來守護「安全堡壘」，保護自己，也護衛他人。

◆思維12：善於建立細緻的規則——安定劑式的領導

在SJ型人看來，細緻周全的管理部署，是施展領導才能的首要前提：應該做什麼、怎麼做，以及派誰去做。這意味著，每家機構或每個專案都需要一些規章、標準的操作流程，以及具體的計畫，使員工能夠清楚知道自己的職責。每當需要時，員工都願意並且能夠隨時隨地投入到工作之中。如果沒有，SJ型領導者必定會依據機構的傳統和規則，建立一套細緻的施行細則，並讓每個人都銘記於心，從而確保那些特立獨行、我行我素和無視規則的下屬也會服從他們的領導。

也許，某些個人主義者通過獨特的操作方式可以取得更好的效果，即便如此，SJ型領導者也可以找到理由，對這種突發奇想的創新提出質疑。在他們看來，這種創新與遵守傳統相比，具有偶然性和不確信性，是危險的舉動。可能會損害和干擾正常工作程序的連續性，擾亂其他人的工作情緒，甚至埋下危機的種子。制定規則和章程是為了所有人的利益，因此，每個人都必須遵守，否則混亂而令人不滿的局面就會隨之出現。在SJ型領導者看來，領導者無法通過標準化的操作使企業保持穩定，那麼，等待他們的可能是一個事倍功半的結果。因此，SJ型領導者的全部精力都放在「提供支援、安定秩序」方面，使他們成為名副其實的「支援型領導者」。

第五章　請理解我們

假如你願意大度地包容我的渴望或信仰，或是寬容地接納我的情緒、需求或行為。那麼，你便為自己的人生開闢了一種新的可能。也許，有一天，你會覺得我的這些思維及行為方式並不像你當初認為的那樣；或者，最終，你會覺得它們看起來似乎並沒有任何不妥。請記住，要理解我，首先需要包容我。

假如你我的渴望有所不同，請不要對我說你的渴望微不足道。

假如你我之間的信仰有別，請不要將試圖糾正我信仰的想法付諸實踐。

假如在同樣的情境下，我的情緒遠不如你那樣緊張，或是緊張程度大大超過了你，請不要試圖影響或改變我的感受。

假如我的行為不符合你所設計的行為方式，請不要對我橫加干涉；假如我果真遵循了你的行為方式，你也無須興高采烈，對我大加讚賞；一切皆應聽之任之，順其自然。

我並不要求你能理解我，至少，在現在這一刻，我並沒有這樣的打算。事實上，現在的你也許正琢磨著如何才能將我變成你的「複製品」，只有當你心甘情願放棄這一想法時，我才會提出這一要求，或者說，你才有可能會理解我。

假如你願意大度地包容我的渴望或信仰，或是寬容地接納我的情緒、需求或行為，那麼，你便為自己的人生開闢了一種新的可能。也許，有一天，你會覺得我的這些思維及行為方式並不像你當初認為的那樣；或者，最終，你會覺得它們看似並沒有任何不妥。請記住，要理解我，首先需要包容我。

所謂包容，並不是簡單地認同我的思想、行為和渴望，而是徹底地、心甘情願地接納它們。從此以後，你不再因為我那看似任性的言行而變得暴躁不堪或感到失望透頂。也許，有一天，你嘗試著理解我的同時，你會發現自己竟然開始珍視彼此之間那些不同之處，你甚至會小心翼翼地呵護這些寶貴的「差異」。回想當初，你曾經想盡一切辦法，一心只想改變我，讓這些「差異」從世界消失。

「我」可以是你的配偶、父母或孩子，也可以是你的朋友或同事。不過，無論我與你是何種關係，我都清楚知道：我和你是兩名完全不同的擊鼓手，而為了讓我們之間的擊鼓旋律保持和諧，我們只能努力去包容和認真傾聽對方的擊鼓節奏。

1 SP型人需要迎接挑戰

接受現實，追求富有挑戰的目標和任務，是SP型人行動的動力。絕大多數SP型人，特別是手藝者（ISTP），非常害怕自己的影響力不夠，無法實現願望。這種恐懼心理往往與害怕個人目標受到阻攔、行動受到阻撓有關。如果環境阻撓他們實現目標，他們可能會作出負面和消極的反應。

SP型人總是一心一意地追求自己的目標，在他們眼中，人不過是實現目標的手段和工具，而不是有血有肉的生命。**在SP型人的思維模式裡，為了打擊反對者，可以不擇手段；為了實現目標，可以不惜代價。**

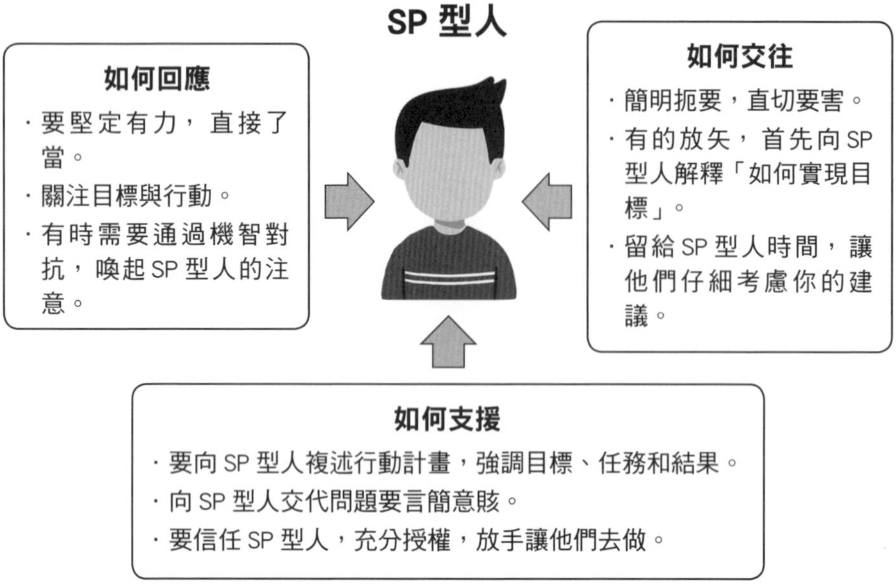
SP 型人
如何回應
· 要堅定有力，直接了當。
· 關注目標與行動。
· 有時需要通過機智對抗，喚起 SP 型人的注意。
如何交往
· 簡明扼要，直切要害。
· 有的放矢，首先向 SP 型人解釋「如何實現目標」。
· 留給 SP 型人時間，讓他們仔細考慮你的建議。
如何支援
· 要向 SP 型人複述行動計畫，強調目標、任務和結果。
· 向 SP 型人交代問題要言簡意賅。
· 要信任 SP 型人，充分授權，放手讓他們去做。

圖十二　與 SP 型人相處的要點

SP型人喜歡掌控，不喜歡被拘束。因為需要控制權，SP型人特別鍾情於能帶來非同尋常機遇的權力與地位。追求新奇是他們的動力，做別人沒有做過的事，去眾人沒有去過的地方，這類事會讓SP型人激動不已、信心十足。他們會盡全力掙脫一切束縛，實現目標。同時，也能有系統有條理地工作，並確保自己掌握最高的控制權。這些有時會讓SP型人失去控制，走向偏執和極端。

為了提高我們的認知力，將心比心，更好地去理解、接受SP型人，使他們得到更好的職涯發展，就必須明白SP型人的需求模式。記住，**SP型人總是期望擁有掌控權，自由發揮，少受約束，他們喜歡隨機應變，迎接挑戰。因此，與SP型人交談時要言簡意賅，迅速點明要點**。（圖十二）

◆解釋現實：追求極富挑戰的目標，是SP型人的動力

SP型人喜歡迎接挑戰性的目標，這是他們行動的動力。如果環境阻撓他們實現目標，他們可能會作出負面的反應。絕大多數SP型人，特別是手藝者（ISTP），害怕自己的影響力不夠，未如己願。這種恐懼心理往往與個人目標受到阻攔、行動遭到阻撓有關。因此，SP型人會一心一意追求自己的目標，在他們眼中，人不過是實現目標的手段，而不是有血有肉的生命。**在他們的思維模式裡，為了消滅阻礙自己的絆腳石，可以不擇手段；為了實現目標，也可以不惜一切代價**。

◆喜歡掌控，不喜歡受約束

因為SP型人需要控制權，特別是手藝者（ISTP），特別鍾情於能帶來非同尋常機遇的權力與地位。追求新奇是他們的動力，做他人所未做過的事，去別人未能去過的地方，這類事情讓他們一見傾心。他們會傾力掙脫一切束縛，實現目標。

當然，SP型人也能有系統、有條理地工作，前提是自己所掌握控制權不會失去。如果SP型人一旦失去控制權，就會走向偏執與極端，變得極富攻擊性。這時，我們應該儘快採取行動，為SP型人打造一個適合的環境，幫助他們平復怒氣，逐步調整心態。

◆有時需要通過對抗喚起SP型人的注意

SP型人關心行動與決策勝過關注人際關係。他們慣於以自我為中心，這種個性使SP型人常常失去控制，變得冷漠和專制。**為了幫助SP型人克服這種缺陷，最適宜的策略是開門見山、直切要害。有時，還可以採取冷淡和疏遠的方法來回應和幫助SP型人**，這種冷淡是一種積極的「愛的對抗」，因為愛的對抗能激發SP型人悔改，使他們的人生因轉變而發光。

一旦與SP型人相持不下，務必要就事論事，將焦點集中在他們的行動所產生的影響，不要變成對他們的人身攻擊，這點至關重要。人身攻擊只會傷害SP型人的自尊，招致他們更為猛烈的反抗，而不是帶來建設性的結果。

◆簡明扼要，直切要害

SP型人期望能直言相告，迅速進入主題。如果我們不瞭解這個特性，在與SP型人的交流中「欲言又止，東拉西扯，含蓄委婉，旁敲側擊」，他們一定會變得非常惱怒。因為SP型人關注目標，沒有耐心談論與主題或工作無關的內容。知道了這些，我們就會理解SP型人經常掛在嘴邊的話：「請講得明白一些，我的時間很有限。」記住，他們不是在抱怨我們，而是對我們講話的方式和談話的內容感到困惑，難以忍受。

◆給他們時間，冷靜考慮你的建議

當我們向SP型人提出相反的意見，千萬不要指望他們能迅速接受，這樣會使他們感覺被操縱和控制，反而會引起他們的警覺和敵視。但是，留給他們思考的時間也不能太長，因為他們通常忙忙碌碌，時間一長，就會遺忘我們的建議，甚至會讓SP型人感覺被輕視和愚弄。我們可以採取這樣措辭：「我的建議請你抽空考慮一下，三天後我再找你溝通。」在這段時間裡，他們的思路會變得清晰，能冷靜反思、分析各種可能。SP型人也認為「只要留給我們自我分析和反思的時間，能使效果非同一般」。

◆充當傳話者，與SP型人積極溝通

透過傳話進行溝通的好處是雙向且互惠的。首先，它綜合了自負的SP型人與對抗者之間的抵制，避免了更多衝突。其次，傳話者（或溝通者）能重申對抗者的目標和任務的理性原則。**傳話者通常處在更有利於交流的位置，能在SP型人與對抗者之間傳遞積極訊息，既不傷SP型人的面子與自尊，又能如實傳達對抗者的意願。**

◆準備好見證SP型人的迅速轉變

SP型人有時會迅速發生180度的大轉變，變化之快，會讓人驚訝。SP型人會對新目標充滿期待，正因為具備了快速轉變的能力，SP型人一般傾向於以更大的熱忱開始新的活動，並勝過以往。有時，這種轉變過於快速，會讓人難以置信，我們會懷疑SP型人的轉變是否出自真心。很多人還需要花時間來適應SP型人的變化。這時，**我們要積極讚揚和肯定SP型人的這種突然變化，接納並適應他們，幫助SP型人提升自我，克服缺點**。當然，在SP型人奮勇向前地衝入新戰場之前，最好先聆聽一下他人的建議和忠告，這將使他們受益匪淺。

◆認識他們的最大缺點

驕傲，可能是SP型人成熟路上的最大障礙。他們會面臨一場場戰鬥和一個個挫折，但總能化險為夷，有機會轉敗為勝，將軟弱變為剛強。假如SP型人在制訂行動計畫後，能迅速思考一下，放下高傲的姿態，聽取別人的意見，將會是難能可貴的進步。學會忍耐和克制，尊重和信任別人，是他們走向成熟的標誌。

對於SP型人來說還有一件難事，就是作為團隊的一員順服他人的權威。假如SP型人具備了真正順服的心，他們將為團隊的成功做出不可磨滅的貢獻。比如在籃球場上，倘若SP型球星願意為了團隊目標而通力合作，就會帶領整支球隊走向輝煌。SP型人要牢記一點，「我們順從的不是個人，是順從整個團隊的需要」，這樣，他們就能放下那顆高傲的心，與團隊共進退。

最後，讓我們總結一下，在面臨壓力時，SP型人最需要我們做些什麼？

「請直接告訴我，你希望我做什麼？不要拐彎抹角，也不要談一些不相關的事情。」
「在期望我採取行動之前，請給我充分的時間和機會仔細思考。」
「在我深思熟慮之前，請不要打擾我。一旦我準備好要與你交談，我會告訴你的。」
「如果需要糾正，請先給我一些肯定，再來批評指點……但請不要讓這種批評變成人身攻擊。」
「我們渴望一個其樂融融、充滿激情和活力的環境，而不是整天把時間花在討論細枝末節、過度的形式。」
「並非一成不變……有時，我們需要促膝長談；有時，我們只想出去做運動。」
「請先聽我說，然後再發問。如果我的嗓門過大，你可以當頭棒喝。有時，我們需要這樣。」
「我常常有點蠻橫無理，而且嗓門粗大。我是心直口快，刀子嘴豆腐心，如果得罪了你，請不要太在意我講的話。」

我們必須理解他們，明白SP型人是任務導向型，他們不像NF型人屬於人際導向型。SP型人盡心盡力追求自己的目標，控制欲強烈。在與他們交往時，關注這些方面，就能贏得SP型人的積極回應，取得良好效果。對抗，往往是喚起他們注意的好方法，但如果期望他們為此感謝你，未免太過天真。不過，也許你能看見令人驚喜的轉變。

2 NF型人需要積極的社交環境

不同模式的需求導致溝通失誤，是人際關係中最常發生的情況。我們往往將自己的需求模式強加於人，希望別人的回應符合我們的期望。倘若期望沒有實現，我們會步步進逼，結果只會更加令人失望：摩擦不斷增加，衝突逐漸升級，關係日趨緊張。

首先，NF型人是群居性動物，他們需要積極的社交環境，對同伴的感受和認可特別敏感，總是努力維持和諧的人際關係。被人拒絕和忽視的恐懼，是NF型人生命中一股真實又無形的力量。期望NF型人完全不受群體壓力的影響是不現實的。為了正確應付這個問題，NF型人需要我們的說明，而不是批評和指責。如果群體壓力不能影響NF型人作出決定，他們就進入了真正的成熟階段。

為了提高我們的認知能力，能將心比心更好地去理解、接納和扶持NF型人，我們必須明白他們的需求如何影響行為。從總體上來說，在開發、鼓勵、和諧的環境中，NF型人最能發揮潛力；消極、強迫、混亂的環境，會令他們心生反感。要記住，**NF型人通常需要：公眾接納、自由表達、無拘無束、不拘小節，不受框架的限制，以及擁有社交活動的機會**。（圖十三）

◆渴望成為團隊領袖及自我表達的需求

NF型人喜歡扮演領袖的角色，而且喜好表達自我需求。在團隊討論中，他們總是爭先恐後地發言，第一個作出回應。這時，我們要在第一時間表揚他們，承認NF型人作為團隊領袖所做出的貢獻。對NF型

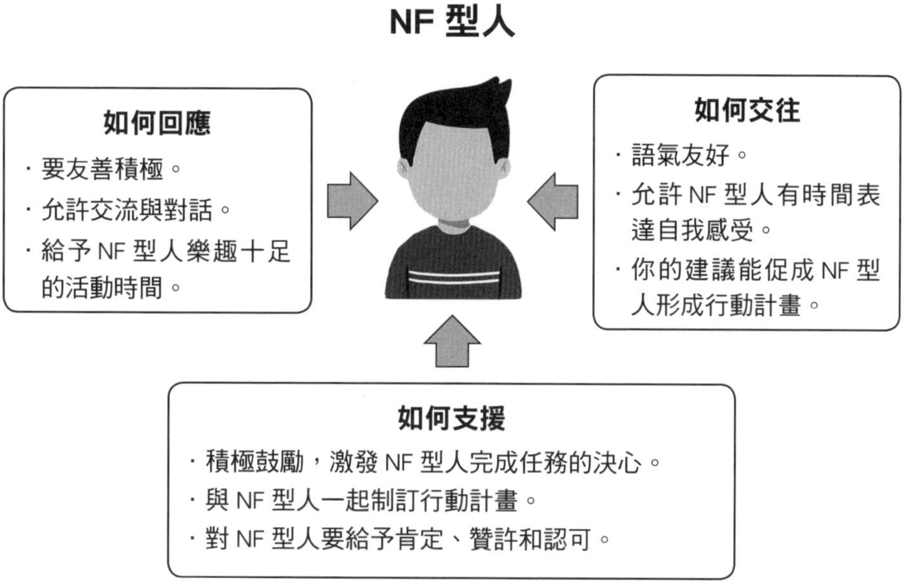
NF 型人
如何回應
· 要友善積極。
· 允許交流與對話。
· 給予 NF 型人樂趣十足的活動時間。
如何交往
· 語氣友好。
· 允許 NF 型人有時間表達自我感受。
· 你的建議能促成 NF 型人形成行動計畫。
如何支援
· 積極鼓勵，激發 NF 型人完成任務的決心。
· 與 NF 型人一起制訂行動計畫。
· 對 NF 型人要給予肯定、贊許和認可。

圖十三　與 NF 型人相處的要點

人來說，能得到如此的承認和讚揚，讓他們歡欣鼓舞、情緒高漲。

◆認識自己鋌而走險的傾向

NF型人除了需要表達，獲得影響力，還有一種傾向：他們與生俱來就喜歡鋌而走險。有時，他們會因此越軌，做出讓人瞠目結舌的事情。一種越軌行為，就是在沒有得到邀請或同意的情況下，自作多情，妄自發表不合時宜的見解。當NF型人的這一舉動受到眾人的指責時，他們會不知所措，感覺瞬間從巔峰跌入谷底。這時NF型人要捫心自問：「原來自己的觀點與眾人的觀點，會有極大的出入。」明白了這點，NF型人要學會先傾聽，然後發表自己的看法。

◆高度信任他人和自己

NF型人，特別是奮鬥者（ENFP），擅長影響帶動他人，因而他們能接納別人真實的一面，對自己和他人充滿了信心。**NF型人能創造出活潑樂觀的氛圍，為團隊帶來不錯的成績，特別是在商場和企業管理中，NF型人更是遊刃有餘**。

因為NF型人偏好積極向上的氛圍，他們常常以樂觀的心態回應消極事件。雖然這是一個優點，但過於自信、不自量力、過度信任，就會招致虧損。NF型人可能會口若懸河、誇誇其談，卻大多是紙上談兵，沒有採取行動。這時，NF型人應該捫心自問：「我真的能履行承諾嗎？我有這個能力嗎？對方值得信任嗎？我是否應該閉嘴了？」

◆履行承諾有難處

NF型人受到壓力，會傾向於自我保護，如果強逼他們，NF型人不僅無法履行承諾，還會將自己的責任推卸得一乾二淨。當我們懷疑某個NF型人不能履行承諾時，應該試著以友好坦率的態度與NF型人商議，不要生氣，不要指責、挖苦和嘲弄，不要動輒發難，要盡力幫助NF型人修正計畫，制定切合實際的解決方案。

◆提供友好積極的環境

NF型人天生風趣，不拘小節，喜歡溝通與探討，在友善的氛圍裡，他們能做出最好的回應。NF型人往往急急忙忙地就要展開行動，沒有耐心等待。因此要與NF型人交流，首先就要為他們創造一個趣味橫生、友善真誠、溫馨舒適的環境，這樣，才能激發NF型人的活力，輕鬆而穩健地面對一切。

◆允許表達感受

NF型人需要有機會表達自己的觀念與感受。這會使他們感覺受重視，有話語權，有表達自己觀點的管道。我們在為NF型人營造一個積極的環境後，下一步就是給予他們充分表達自我感受的機會。與NF型人談話，要注意循循善誘、因勢利導。給他們一點時間，NF型人就能徹底領悟。還有一點，對NF型人所說的每一句話，不要太過認真。

◆給予積極的肯定

積極的肯定，能激勵NF型人將決心化為行動，從而帶來真正的成功。肯定可以通過稱呼、讚揚，以及事前的感謝等多種形式表達出來。短短的一句肯定，對NF型人來說蘊含了無盡的暗示與力量，滿足了他們需要得到認可的渴望。給予NF型人應得的讚譽與肯定，將使我們擁有與他們更默契和成功的合作。

◆只在必要時與之對抗

一般而言，在對抗狀態中，NF型人不會積極回應。**對抗只會讓他們意志消沉，更加固執地抵抗到底。然而，有時採取對抗卻是必要的，能喚起NF型人的注意**。這是由於NF型人往往大大咧咧、不拘小節、我行我素、三心二意，而必要的對抗能迅速喚醒他們，使NF型人嚴肅、認真和謹慎地對待一切。

假如對抗是為了讓NF型人關注未來的行動，而不是過去的錯誤，會帶來更積極、更有效的成果。倘若你要求NF型人解釋過去的錯誤，他們口齒伶俐，能拿出一大堆理由為自己辯護。因此為了良好的結果，要給予NF型人改正錯誤的機會和時間，激勵他們悔過自新、勇於進取，在今後做出更好的表現。當NF型人真正認識到自己的錯誤後，他們會義無反顧、積極改正，然後採取行動，銳意進取。

最後，讓我們總結一下，NF型人希望我們能洞察他們的什麼需要，希望我們為他們創造一個怎樣的環境。

「在我們失敗時，請接納我們，給我們溫暖的鼓勵，使我們能繼續走下去。」

「你們可以對我們坦誠相待，但我們首先需要得到你們的接納。」

「我們知道自己需要條理和計畫，但我們也渴望知道，我們能為你做什麼，好讓你們開心快樂。」

「傾聽我們，用心感受我們，照亮我們的情感，幫助我們反思。」

「友善溫馨的環境，使我們能最好地發揮；我們渴望自己的努力能得到感激。」

「如果我們犯了錯，請把我們拉到一邊糾正，不要當著眾人的面責備我們。」

「我們需要肯定，讓我們確信自己做對了。有時不需要語言，只要一個微笑、一次眨眼、一個擁抱就夠了，我更喜歡擁抱。」

「讓我們一起歡笑吧。讓我們一起追逐夢想，無須顧忌批評與責難。」

「請給我們表達心聲的機會。」

「我們熱愛與他人溝通交流，激勵他們。」

「需要讀懂我們的心意，我們的心，一半是希望與人相處，共度好時光；另一半則是喜歡一個人獨處，靜思默想。」

「如果我們正面臨人際問題，請聽我們訴說，但不要因此對我們妄下結論。」

「聽我們訴說，但在我們準備好以前，不要插手解決我們的問題。」

「有時我們需要獨處，請不要認為這表示我們拒絕了你們。」

「要樂於與我們一同歡笑，陪我們一起落淚。」

NF型人從內心吶喊，期望其他人能傾聽他們的心聲，理解他們面臨的壓力；然而，他們並不真正在意問題是否得到解決。聰明人知道先聆聽NF型人的傾訴，然後等待回應，看他們是否真正希望聽見客觀意見。**當NF型人面對壓力，要避免對抗和責問時，不要強求答案，除非我們正在做關於創造性藉口的調查報告，或者正在為某部喜劇撰寫劇本。**

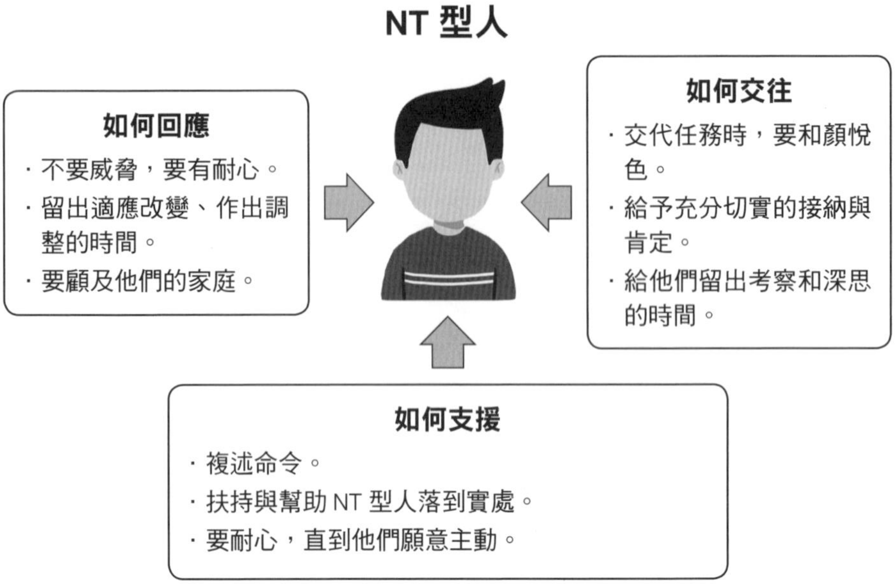
NT 型人
如何回應
· 不要威脅，要有耐心。
· 留出適應改變、作出調整的時間。
· 要顧及他們的家庭。
如何交往
· 交代任務時，要和顏悅色。
· 給予充分切實的接納與肯定。
· 給他們留出考察和深思的時間。
如何支援
· 複述命令。
· 扶持與幫助 NT 型人落到實處。
· 要耐心，直到他們願意主動。

圖十四　與 NT 型人相處的要點

3 穩定的環境對NT型人很重要

為了更好地回應、鼓勵和幫助NT型人，必須理解他們的需要。NT型人需要溫馨的環境，而非充滿敵意的氣氛，肯定與鼓勵能讓他們作出最好的回應。要記住，NT型人需要的是：穩定、維持現狀、有安全感的環境、充足的時間、肯定與感激、交代事情要明確、固定不變的生活和工作作息。（圖十四）

◆如非迫不得已，傾向維持現狀

大多數NT型人偏愛熟悉的環境，他們滿懷愛心，常常捨己為人，他們容易妥協，特別是涉及家庭利益時，會犧牲自己的利益，滿足家庭的需要。

NT型人安分守己，縱使環境不容樂觀，他們也能處之泰然。他們的邏輯是儘管目前的環境很不利，但仍然可以理解與適應。**對未知的恐懼，使他們深感不安，NT型人寧可隨遇而安，也會儘量避免新的冒險，拒絕改變是他們的克服不安的慣用手法**。

◆給NT型人留出適應改變的時間

以信心與積極的態度應付改變，可能是NT型人面臨的最大障礙。**假如改變無可避免，NT型人需要一定的時間適應改變，審時度勢，詳加計畫**。在改變最困難的時期，要給NT型人留出改變的時間，要幫助NT型人，需要耐心等待他們慢慢成長，讓他們漸進式地適應改變，而不是要求他們突然改頭換面，立即轉變。在改變的初期或困難階段，進步總是異常緩慢和艱難，然而隨著時間的推移和改變的順利進行，NT型人會更加獨立，且積極地回應改變。

◆為家庭安全而戰

安居樂業，擁有穩定又安全的家庭，是NT型人最大的渴望。只要涉及家庭，NT型人不希望任何人或任何事，破壞家庭的安定美滿，他們決不希望「家庭方舟」受到任何動搖。「讓我們安逸地住在平靜的井底吧，請勿打擾，謝謝。」這是NT型人的宣言。「家庭方舟」也不允許使用任何喧嘩的馬達，這太快、太危險了，絕不符合NT型人的口味。安逸舒適、風平浪靜的家庭港灣，是NT型人最美的夢想。假如我們能理解並尊重他們這個內心需求，我們與NT型人的關係就能得到真正的成長。

家庭安全對NT型人至關重要，但對於不和與衝突的恐懼卻根深蒂固，影響更深。絕大多數NT型人對衝突都有一種特殊情結，衝突會引起他們內心最深的不安，觸及最核心的情感區域，因此，他們會不惜一切代價避免衝突，尤其是家庭衝突。

物極必反，如果我們過度依賴家庭，優點可能會變成弱點。如果NT型人能勇敢離開舒適圈，那麼他們的生活就會豐富多彩。NT型人要想更加成功，就必須果敢地放棄安於現狀的內心需要，與家庭環境適度分離。NT型人應該記住：「只有自己更加成功，才能保證家庭的穩定與和諧。」

◆珍惜NT型人的忠誠和善良

NT型人是忠誠的朋友，時光流逝、斗轉星移，然而他們的忠貞和堅持卻不會改變。這是他們最大的優點。在公司出現困難時，當其他人都選擇離開時，只有NT型人會始終如一，與公司共進退。

NT型人樂於助人，總是捨己為人，細心照顧朋友、家人和同事的需要。他們信守承諾，言出必行。假如他們答應了什麼事，我們大可放心，他們決不會食言。我們一定要珍惜NT型人這種品質，及時給予肯定、鼓勵和讚揚。

◆需要肯定

NT型人偏愛和諧美滿的環境，經歷情感上的對立，會使他們心神不寧。**在緊張不安的時候，如果我們對NT型人給予積極的肯定，就能帶給他們莫大的安慰**。將心比心，體恤他們的感受，足以慰藉他們的心。在危急時刻，朋友和同事的支持讓大多數人心懷感謝，而NT型人更是知恩圖報。

◆尋找摯友

NT型人不僅知恩圖報，他們還渴望友情。即使只是泛泛之交，NT型人也會將我們當作潛在的朋友看待。SP型人可能會忽視我們的存在，直到我們的能力引起了他們的重視；而**NT型人則是根據「友情潛力」來評估我們**。

要與NT型人成為摯友和融洽的合作夥伴很容易。一旦我們與NT型人建立了友誼，他們的忠誠與支持將會伴隨一生。NT型人會默默地支持和關注我們，為我們提供親密、合宜、友善的環境，對我們的需求會作出忠心耿耿的回應。

◆善良友好，依賴他人

NT型人往往優柔寡斷，行事不果斷，消極地依賴他人採取行動。當一名推銷員敲門時，最好不要期望NT型人去應付。因為他們樂於助人，太好說話，極難開口說「不」。NT型人會對精明的推銷員說：「什麼？你母親生病了？你付不起學費？你必須在星期六之前賣出一千件商品？這太困難。」如果讓NT型人管理家庭財務，我們會驚訝地發現，他們往往會有滿滿一壁櫥的雜物。

◆缺乏信心

最後，我們需要認識**NT型人的自信不足**。他們很難真正認識自己的力量，以及自己能取得的成就。這一點對SP型人來說，幾乎不成問題；但對NT型人來說，卻是一個棘手的問題。一旦他們擁有信心，就能成為卓越的領導。

以下是NT型人的心聲，傾聽他們的需求，能讓我們知道如何更好地回應他們。

「在我們作出決定前，請給我們時間充分考慮；當我們作出決定後，請給予肯定與支持。」

「如果你們想糾正我們，請永遠不要採用對抗的方式，我們不能接受這種方式。我們喜歡更平和的方式，我們需要的是朋友，不是敵人。」

「給我們時間和空間，使我們能享受和平與安寧。我們需要時間考慮和消化問題。」

「我們需要肯定與接納，假如我們犯了錯誤，請平和地為我們指出。給我們時間仔細思索應該如何糾正自己的缺點。」

「給我們充足的時間，列出你們的期望，然後放手讓我們去完成。請真正關心我們的感受和觀點。對我們來說，完美並不是最重要的因素，請務必接納這點。」

「與我們並肩攜手向前，請理解並支持我們，但不要一手包辦，想替我們解決問題。當壓力特別大時，請給我們『喘息』的時間，好讓我們能稍稍逃離一會，喘口氣。」

「來自你們的一聲鼓勵和肯定，足以勝過千言萬語。」

「在特定的場合，我們常常感到困惑，不知道自己的感受到底是什麼，所以請耐心對待我們，引導我們敞開心扉。」

「發揮你們的幽默感，讓我們笑一笑，輕鬆一下。然後再開口提出棘手的問題。請肯定我的工作和努力，無論是否口頭上的，得到你們的肯定，足以使我們心滿意足。」

「讓我們通過思考解決問題。有時，我們會辭不達意。在我們試圖解釋自己的計畫時，對我們要有耐心。」

「我們知道自己有時很魯莽，特別是在受到壓力時。請發揮你們的幽默感，讓我們一笑了之；請別在這時攻擊我們。如果你們不幸這麼做了，我們的回應通常會讓你們後悔聽到。」

「在壓力下，我們會變得非常莽撞。請給我們時間和機會，梳理心中的亂麻，然後我們可以促膝長談。」

「請給我們思考的時間，雖然在你們看起來，也許我們顯得無所事事。我們只是需要擺脫壓力與干擾，好好反思，重新獲得力量。」

「我們不善於表達情感。請允許我們能略顯笨拙地表達想法，而不要分析、論斷這些想法。」

面對壓力，每種個性模式的人都有獨特的自我保護方式，在人際交往中，我們的回應必須符合應有的方式。然後，我們可以根據不同人的需要，為受到困擾的他們創造適宜的環境，使他們能得到最好的成長機會。**在NT型人的面前，給予他們肯定與支援，充足的參考資訊、足夠的考慮時間，這些都是幫助NT型人經受壓力得到成長的關鍵因素。**

4 安全感是SJ型人一生的追求

為了更好地回應、理解並扶持SJ型人，使他們得到更好的職涯發展，就需要理解他們的獨特需求。SJ型人在井然有序、責任明確的環境中，能作出最好的回應。在敵對和不斷變化的環境中，他們會變得格外謹慎，瞻前顧後，憂思多慮。要記住，**SJ型人的需求是：進展適度的改變、安全感、井然的秩序、鐵一樣的規則，還有反覆思量和核實的時間、工作得到肯定、可靠穩定的環境，以及對權威的信賴。**

（圖十五）

粗略一看，SJ型人所需要的激勵環境與NT型人的需求非常類似。兩者都安於現狀，排斥改變，渴望安全感和穩定性，獲得集體的認同。不過SJ型人是任務導向型，而NT型人卻是人際導向型。NT型人是群居動物，喜歡團體合作；而SJ型人更喜歡離群索居，單打獨鬥。這種本質上的不同，會使兩者的需求存在巨大差異。

讓我們先來看一個案例：

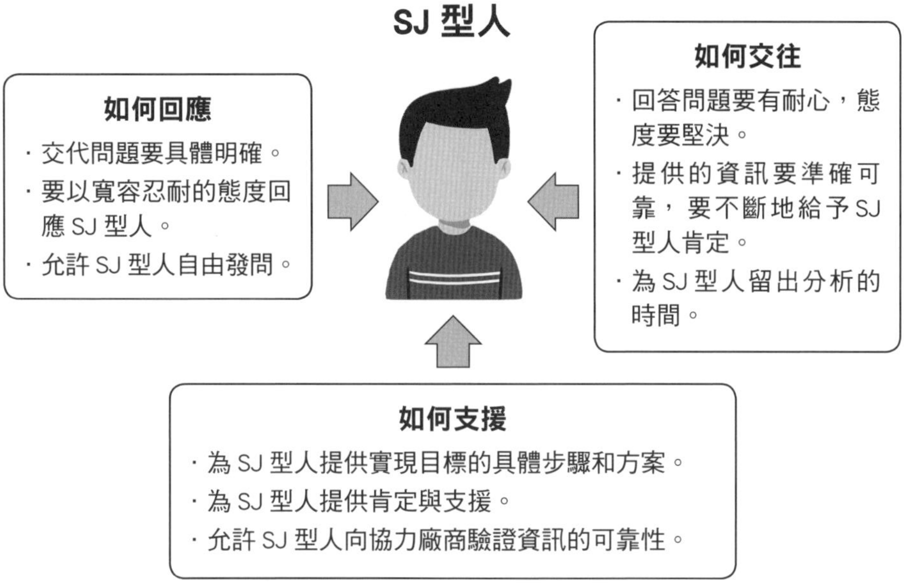
SJ 型人
如何回應
· 交代問題要具體明確。
· 要以寬容忍耐的態度回應 SJ 型人。
· 允許 SJ 型人自由發問。
如何交往
· 回答問題要有耐心，態度要堅決。
· 提供的資訊要準確可靠，要不斷地給予 SJ 型人肯定。
· 為 SJ 型人留出分析的時間。
如何支援
· 為 SJ 型人提供實現目標的具體步驟和方案。
· 為 SJ 型人提供肯定與支援。
· 允許 SJ 型人向協力廠商驗證資訊的可靠性。

圖十五　與 SJ 型人相處的要點

公司總裁站在員工面前興奮地宣布：「我們的辦公室將要搬到市中心了！」

「太好了！」一位NF型員工喊道，「到處是餐館，可有地方逛逛了！」

「太棒了！」另一位SP型員工歡呼道，「這樣離客戶很近，不用四個月就能實現全年度的計畫了！」

「我保留意見。」NT型員工淡淡地說道，「不過如果大家都樂意的話……」

最後冒出一個冷冷的聲音，「我們如何把所有的設備搬到市中心，而不停止生產呢？我們在市中心的辦公面積有多少坪？房租花費差多少？能確保我們準時出貨嗎？這次搬遷對公司產品的品質會有什麼影響？」SJ型員工眉頭緊鎖，憂心忡忡地問道。

即使面對壓力和阻礙，SJ型人通常會順服掌權者。正如前面所說，他們的質疑能促使計畫作出正面的改進。如何把所有設備搬到市中心而不停止生產，不影響產品品質？這個問題，足以敲響警鐘。

儘管提問能部分打消SJ型人的顧慮，但在完全接受改變前，他們仍會有很長時間對改變抱有戒心。另外，SJ型人會不斷測驗新的程式，直到確認改變有益無害。一旦確認了改變的正確性，SJ型人就會忠心耿耿地按照規定執行下去。

要讓SJ型人放心地接受改變，讓他們獲得足夠的資訊十分關鍵。因為SJ型人天性憂慮，一件小事或一句話就能影響他們「支持改變」的信心。這時，我們要及時和反覆向他們解釋，打消他們的疑慮，使SJ型人堅定信心，迎接改變。

◆喜歡推理

SJ型人喜歡鍛鍊推理能力。從事智力活動，能帶給他們無窮的樂趣，絲毫不亞於運動員贏得桂冠所帶來的喜悅與興奮。對SJ型人來說，思想勝於情感，觀察、思考和分析具有毋庸置疑的重要性，獨立沉思是他們的人生樂事。倘若有人津津有味地閱讀產品說明書，這個人一定是SJ型人。SP型人想摸索出每個零件應該安裝的位置，而說明書卻原封未動地留在原地。NF型人對說明書毫無興趣，他們不想浪費寶貴的時間，認為還是自行安裝為好。SJ型人會拿起說明書從頭到尾仔細研讀一遍，認真檢查所有配件，然後一絲不苟地按照說明書埋頭組裝起來。說明書象徵了秩序、規則和行動流程，只有嚴格遵守，才能保證高品質。

◆精細入微

閱讀並遵照說明書的行動，存在於SJ型人生活和工作的方方面面。在組裝產品前，他們必定要仔細閱讀。以此類推，其他事情上，尤其在工作中，他們都要預先知道具體細節，這樣才安全又可靠。

如果我們遇到了SJ型人的上級或同事，一定要為他們解釋任務的各項細節問題：要表明他們的身分，指出這項任務的目的，為他們描述具體的計畫，讓他們清楚自己要擔任的角色，可能遇到的問題等。然後耐心回答SJ型人一堆具體而詳細的問題，比如「誰」、「幹什麼」、「為什麼」、「出了這個問題該如何解決」等。**SJ型人認為對任務瞭解得越細緻，做起事來才會有目標，不出差錯**。

◆寬容忍耐

即使向SJ型人解釋得再詳細，他們也不會立刻接受任務。在同意參與一個任務前，SJ型人會步步為營，思前想後，三思而後行。

SJ型人對失敗的往事記憶：「想當年自己血氣方剛，想憑一己之力使公司蒸蒸日上，獲得主管的青睞，結果反而惹禍上身，自食苦果。」

在SJ型人看來，再細緻的計畫都包含著變動，這永遠是個棘手的問題，他們的反應是「我是什麼人？有什麼能力去完成這項任務？如果出了差錯怎麼辦？計畫包含了很多未知的因素，如果實際狀況發生變化怎麼辦？我不適合擔當這項任務」。這些反應包圍著他們，使SJ型人小心翼翼，畏首畏尾。

如果遇到這種情況，我們要採取寬容和忍耐的態度對待SJ型人。耐心給他們做解釋；回答他們的問題，哪怕這些問題在我們看來顯得可笑和庸人自擾；然後給予肯定，鼓勵他們，打消他們的種種疑慮。

要記住，**一旦SJ型人打消了顧慮，接受了任務，他們就會全力以赴，準時且高品質地完成任務**。

◆支持與肯定

讓我們再回顧上文案例中，公司決定將辦公地點搬遷到市中心。在眾多員工中，SJ型人對待變動的反應就是一大堆寶貴的問題：「我們能得到必要的資源嗎？」「產品的品質會受到影響嗎？」「停工時間有多長？」

SJ型人需要支援與肯定，因為「支持和提供後勤保障」是他們的天性，他們知道支持的重要性。確定一切將平安無事；支持、扶持他們的工作，承認他們的地位與作用，SJ型人會感激不盡，一絲不苟地完成任務。沒有適當的支持與肯定，SJ型人會信心不足，舉棋不定，焦慮灰心。

◆耐心回答，態度堅決

SJ型人的小心翼翼，令SP型人和NF型人頭痛不已。他們都是外向型性格，一個是行動導向，一個是人際導向。無須太多分析就能採取新的行動；他們也期望別人配合行動，步伐一致。SP型人立刻看出搬遷有利於實現銷售目標，NF型人為接近繁華市區的餐館和各種便利設施而興奮不已。而**SJ型人需要得到**

耐心的解答，打消各種顧慮。我們要做的就是給予耐心的解答，讓SJ型人看到積極的一面，消除疑慮，勇敢面對。

◆確保萬無一失

一旦我們引發了SJ型人的關注，就要設法打消他們的疑慮，保證萬無一失。如果公司總裁安慰SJ型員工：「小孟，我敢向你保證，在新的辦公地點，你會擁有和現在一模一樣的辦公室；而且到時你還會有一個專用通道，和現在一樣可以迅速下到停車場。你還會獲得……」這些積極和堅定的擔保，能幫助SJ型人適應變動。

◆數據準確，訊息具體

SJ型人會尋求實際方法，分析和驗證各種可能。這就是SJ型人所謂「信任，但要核查」的態度。讓SJ型人滿意的最好辦法，就是儘量提供涉及所有五種感官的訊號：看、摸、嘗、聽、聞。這些準確而全面的訊息，可以證實我們的諾言，讓SJ型人感到萬無一失，安全可靠。

◆拒絕「可憐的我」

要耐心回答SJ型人細緻入微的問題，但要拒絕SJ型人任何信心不足、能力不夠的推辭。SJ型人往往會擺出一副「我好可憐」的姿態，無奈地訴說自己的缺陷與不足。這時我們要做的就是嚴正拒絕這種可憐，然後幫助SJ型人發現自己的長處與優點。

◆對事不對人

要記住一點，SJ型人擁有一顆敏感的心。如果必須要反駁他們的觀點，就要避免對他們人身攻擊，只對事不對人。

◆重申支持與肯定

即使苦口婆心、不厭其煩地闡明了所有理由，SJ型人的恐懼仍舊頑固不變。如果我們期望他們參與工作，就要再次給予積極的扶持。上文案例中，總裁對小孟說：「好的，小孟。我知道到在這次搬遷中，交通對你確實是個難題。公司不能每天接送你，不過可以支付你停車費用。如果有必要，公司也會考慮使用接駁車。」

一般情況下，對抗、挖苦、嘲笑和強制對SJ型人來說不會有積極的效果，如果他們前怕狼後怕虎，固執己見，唯唯諾諾，這時可以採取策略性的對抗。有時，要想讓SJ型人點頭，就如同讓頑石點頭、鐵樹開花。

當然，對抗只是手段，一旦達到效果，就要立刻停止，如果對抗導致失控，可能會激起SJ型人的憤怒。我們最終的目的是要通過對抗喚醒SJ型人的積極思維，為SJ型人提供一條解決之道，讓他們多角度地看到事物，對待問題，這才是根本之道。

只要給予SJ型人支持和肯定，給他們充足的時間去分析判斷，他們就會做出明智選擇，遵循我們的指示。

◆內心的糾結

SJ型人通常精益求精、出類拔萃。然而，不現實的期望也成為他們的絆腳石，常常令他們止步不前。SJ型人渴求完美，他們的最低自我要求，已經不符合現實，難以實現。因此，SJ型人常常自認失敗，甘認倒楣，認為是自己作繭自縛。

由於懼怕受到批評指責，SJ型人可能會將好主意、好想法永遠埋藏於心中。這樣做可能帶來悲劇性的結果，某些卓越的夢想會胎死腹中，永遠不會成真。甘願承擔風險，勇於表達自我觀念，是SJ型人走向成熟的標誌之一。通過努力，取得良好的成績，SJ型人就能逐步樹立信心。有兩個因素，決定了SJ型人走向成熟與獨立：**聽取良友評言，學會將期望降低至合理的標準。明確角度定位，避免不切實際的期望和標準。**

◆我們找到了一個最佳夥伴

總之，一旦SJ型人接受任務，就會一心一意，排除萬難地去完成。SJ型人盡心盡責，精益求精，全神貫注於工作。他們善於提供後勤支援，遵守規則和制度，信守諾言；對於品質問題，更是毫不鬆懈，會一絲不苟地遵照標準，確保高品質地完成任務。

與其他類型的人一樣，SJ型人在壓力之下，也會產生消極想法和行動，這時他們最需要我們做些什麼呢？

「請仔細聆聽我們的話，我們需要知道你們願意傾聽，但我們並未要求你們全然理解我們的邏輯。」

「讓我們獨自一個人安靜思索，直到我們願意打破沉默。我們需要時間分析判斷所有的資訊。」

「要耐心回答我們的疑問，我們需要時間分析你們的回應，請理解我們。假如我們反覆核對你們的答案，這並不意味著我們不信任你們，我們只想確保萬無一失。在我們的思維中，信任，但不能放棄審核。」

「我們需要寬容與忍耐，體諒與鼓勵，請溫柔又堅定地支援我們吧。」

「在我們聽取你的觀點後，請讓我們獨自沉思，自由諮詢其他人的意見。」

「請給我們時間適應變化，告訴我們變化的理由。」

「我們需要鼓勵、肯定、讚賞，需要穩定、可靠又井然有序的環境。」
「接納、寬恕、誠實並合乎邏輯思考的環境，是我們所需要的。」
「我們的頭腦中往往同時考慮幾個問題。我們常常對情感問題困惑不解，束手無策。請溫柔耐心地對待我們，不帶論斷地回應我們。」
「讓我們傾訴自己的心聲，但不要因此給我們貼標籤，請以耐心對待我們。」
「幫助我們重新集中在自己的思緒上，讓我們有事可做；請向我們保證，在需要之時，我們會得到你們的幫助。」

SJ型人能成為極富潛力與價值的人。然而，在壓力之下，他們的行為往往不能盡如人意，被人誤解。作為恪守高標準的群體，他們常有一文不名、渺小無力的感覺，並且對內心的掙扎守口如瓶。通常我們能從外在觀察到的，就是一個孜孜不倦追求盡善盡美的人，相信精誠所至金石為開的SJ型人。**理解與支持他們，能使SJ型人的生命煥發光彩，耐心提供諮詢與輔導，尊重他們的需要，願意傾聽他們的苦惱，樂意在需要之時伸出援手，SJ型人會默默記住這段恩情，決心以同樣的方式給予我們回報**。

第二部分　向外管理

第六章　如何積極有效溝通

溝通指的是彼此之間相互傳遞訊息、思想和感受。良好的溝通是雙方尊重和信任得以建立的基礎。人們有各種各樣的理由來進行溝通，比如為了使他人理解自己，或者希望對他人的態度以及行為施以一定的影響。在現實生活中，溝通雖然經常被人們提及，但是又常常遭到人們的忽視，沒有給予它應有的重視，甚至還覺得這是理所當然的事。

每個人有不同的天賦與認知，團隊也有團隊的天賦與認知。每個公司的員工都需要掌握有效溝通的能力，對於在不同行業、從事不同職業的高級管理人員、普通員工、職業經理人，以及後勤人員來說，我們的角色是一樣的，都是受雇於企業的上班族。我們每天大部分時間都在與各式各樣的人進行溝通：上級、對方、下屬、客戶、政府官員，溝通能力是決定我們事業成敗的關鍵。我們在會議中需要交流，在一對一的談話中需要交流，在與客戶的談判中需要交流；還會通過電子郵件、電話、即時通信軟體、視訊會議，以及公開演講進行溝通。我們在工作中進行溝通的目的不外乎要清晰地表達自己的觀點，被團隊成員理解和接受，推動工作的順利進行。但是，現實的情況與員工的期望卻大相徑庭，經常無法實現這個目標，有時甚至最高明的溝通者也會被人誤解。因此，必須改善和提高我們的溝通能力。

1 為什麼我們總是被人誤解

在工作中，我們可能遭受到各種各樣被人誤解的情況：

- 當別人感到我們在責備他們時，我們會感到很受傷、很生氣，因為我們感到已經竭盡全力控制自己的情緒了。
- 如果有人認為我們不夠親切、慷慨，我們會因為不被欣賞而憤怒，因為我們堅信自己不是他們認為的那種人。
- 有人覺得我們冷酷、粗魯、虛假時，我們會非常沮喪。
- 如果我們的行為被人誤解，或者別人覺得我們過分敏感時，我們就會感覺受到了傷害，因而非常生氣。
- 如果有人覺得我們個性冷淡、行為高傲，我們會困惑於為什麼他們會這麼想。
- 如果有人覺得我們悲觀厭世，我們就會反應過度，畢竟我們已經努力掩飾這一切，儘量表現出積極的一面。
- 在工作中如果沒有被上司或同事認真對待，我們就會感到非常悲傷，因為我們自認為比對方有更多想法，對工作的瞭解程度也更加深入。
- 我們努力自制，因此，當別人不止一次說我們控制欲很強時，我們會近乎抓狂。
- 如果別人不考慮我們的要求和建議，我們起先會感到困惑，然後會暗自生氣。

這些工作中的誤解都是溝通「失真」的反映。

在某些情況下，我們說過的話是否遭人誤解呢？又或者，在聽完別人的講話後，我們是否感到自己並沒有真正聽進去呢？上面這兩種情況，事實上都是「MBTI」的訊息失真在起作用。我們在進行溝通時，自身性格類型所特有的談話方式、肢體語言，以及盲點，就會自動使我們所要說的話失真；在聆聽時，我們仍然通過自己的性格類型選擇和過濾所聽到的內容。

我們不可能總是瞭解與自己交流的對象究竟屬於哪種性格類型，但如果確定了自己的性格類型，我們就能儘量改善自己的溝通能力。知道如何進行交流，這是第一個步驟，然後才能決定自己需要改變些什麼。

◆訊息發送者的失真表現

當我們在向對方傳遞訊息時，有三種失真在中間發揮作用。

談話方式：是指我們講話以及講話的內容。有的人語速緩慢，別人容易抓住重點；有的人喜歡甜言蜜語，有的人講話則像機關槍一樣；有的人愛講故事，有的人愛分配工作；有的人只顧談論自己的感受，有的人卻只就事論事；有的人婉轉，有的人直接；有的人沉默寡言，幾乎什麼都不講，有的人喜歡交流，喜歡傾訴。

小黃是個NF型人，是一家公司的法務主管。他的談話方式簡明扼要、直接而坦誠。他原本覺得這樣會給對方一種誠實、坦率的印象，沒想到卻被對方誤解為生硬、盛氣淩人。小黃覺得自己向主管彙報工作時，清楚明瞭、重點明確、誠實可信，然而主管卻認為他的談話方式匆忙急促、不夠細緻、非常不尊重人，總感覺是想要儘快結束談話、趕緊回去繼續工作。

肢體語言：包含我們的姿態、面部表情、手勢、身體動作、精神狀態，以及其他不勝枚舉、無須語言表示的外在動作。談話方式和肢體語言結合起來可以反映出我們80%，甚至更多要表達的訊息，而談話內容只占20%。

儘管肢體語言對溝通的成功非常重要，但絕大多數人不瞭解自己的肢體語言，因為它就像我們的呼吸一樣，是一種無意識的表現。

小羅是個NT型人，是一家企業的銷售經理。有一次，小羅正在給公司研發部門做關於銷售部門對新產品的回饋簡報。其中一名研發主管認為這個描述性的報告包含了太多對產品的不當批評，於是小羅開始為自己辯護。這時對方突然說道：「我感覺小羅開始發火了。」小羅一邊用拳頭拍打桌子，緊鎖眉頭，一邊大聲吼道：「我沒有生氣。」會議中開始爆發出輕微的笑聲，因為小羅的肢體語言已經暴露了他真實的狀態。

盲點：盲點所包含的訊息對我們來講不是很明顯，而對方卻很容易察覺到，因為我們在不知不覺中，通過談話方式、肢體語言，以及其他可推斷的表現洩露了我們的盲點。比如經常清嗓子、抓頭髮、站立時交叉雙腿，或者不斷重複「這個嘛、那個嘛」，又或者對自己行為和個性中的盲點渾然不知。初次聽到這些我們肯定會很驚訝，而這些都是盲點所透露出的訊息。每種類型的人都有自己獨特的盲點，不經意地向對方不斷傳遞一些無意識訊息。

小毛是個SP型人，是一家物業管理集團的管理人員。他非常有條理、聰明、有戰略目標，能夠出色地訓練缺乏經驗的員工，因此，公司總是希望他能夠晉升到一個更高的領導職位。小毛對此感到驚慌，他渴望成功，但對自己易怒的個性非常擔憂，自己覺得這種性格缺點會把一切都搞砸。

小毛為此參加了一項管理培訓，通過學習，他發現自己的問題並不是出在易怒上，而是由於自己性格類型所具有的盲點：易受攻擊的個性和隨後過於強烈的反應。培訓師發現，小毛在工作過程中，有兩種談話內容總會引起他的過度反應：一個是對他本人的不真實的描述和誹謗，另一個就是對他關心的人的負面評價。即使培訓師提前告訴他這種談話內容即將發生，小毛還是會忍不住發怒，感到受挫和傷心。因此，對小毛來說，認真研究一下這個盲點，對他的成長和未來的成功具有至關重要的作用。

◆訊息接收者的失真表現

接收者也會通過失真的濾鏡來過濾訊息發送者所說的內容，而這種過濾過程也是無意識的，不同類型的人所關注的內容也會有所不同。比如，如果我們比較關心對方是否接納了自己，或者擔心對方是否要占用自己的時間和精力，那麼我們就不可能擁有足夠清晰的頭腦來正確判斷對方所要表達的意思。很

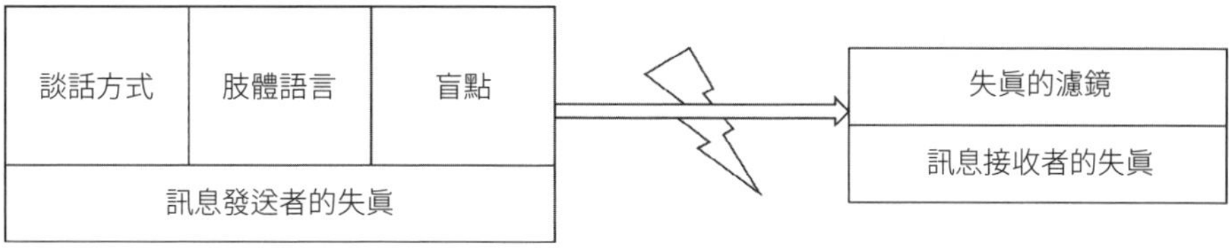

圖十六　訊息發送者和接收者的失真對比情況

多提高溝通能力的課程都會教授一項技能：**積極聆聽，即在對方講話時先認真傾聽，然後再向對方解釋自己的理解和觀點，看看是否正確**。

但是，即便我們努力正確聽取對方要表達的內容，絕大多數人還是會錯過一些資訊或誤解對方的意思。這是因為在某種程度上，我們總是不自覺地選擇我們所要聽取的內容，將很多我們不關注的資訊給過濾掉了，很多時候，恰恰是這些被過濾的資訊，才是對方所要表達的真實意圖。（圖十六）

在介紹了訊息發送者和接收者的失真後，下面我們將會總結這些失真在每種ＭＢＴＩ人格類型中所起的作用，即人們為什麼被人誤解，以及為什麼誤解別人的想法。

每種類型的員工都有自己獨特的談話方式、肢體語言、盲點和失真濾鏡。為了避免被誤解，最好的辦法就是改變我們談話的方式。首先，需要瞭解自己的交流模式，然後努力改變自己的行為。同樣，為了能夠最大限度地正確理解對方的想法，我們就要儘量減少失真濾鏡所引發的作用。在確定了導致自己的失真的原因後，應該努力降低，甚至消除它的負面影響。

2 理解失真濾鏡的作用

◆策略1：大膽直接，描繪戰略藍圖

小何是一家製造業B生產線的主管，主導SP型人，談話方式表現為主導和權威式。最近他所在的企業被別的公司收購了。新公司決定不再和被收購企業的一些員工續約，管理團隊將這項裁員計畫交給小何去處理，這是個吃力不討好的工作。對於這個決定，小何無能為力，只能硬著頭皮做，但收效甚微。更為致命的是，新公司發過來的指示一變再變，整整四個月，有些關鍵問題仍然沒有弄清楚：哪些員工可以留下、契約時間從何時起算、工作崗位如何安排、薪酬如何確定；哪些員工要被解雇、契約何時終止、資遣費用如何計算。種種磨合期表現出的混亂、不公和相互推諉，讓小何非常沮喪，而他的上級，新公司的副總裁，對發生的一切卻知之甚少。

一天在等電梯的時候，小何突然走到新公司的張總面前，不假思索地脫口而出：「如果公司可以隨意終止勞動契約，甚至不給員工提供辦公場所，我們的資遣方案變來變去，那公司還有什麼資格要求員工對企業忠誠呢？」這是兩個月來小何第一次碰到張總，就直接向上級發出質問。張總被他突如其來的指責驚得不知所措，沉默地站在那裡。小何在說話的時候，旁邊還站著另外三個人，其中一個恰巧是公司總裁。

幾天後，張總斥責了小何，瞬間小何腦海中的懊悔消失了，取而代之的是對張總缺乏能力和同情心的指責。

小何在電梯前碰到張總，他的談話方式和肢體語言都非常強烈，雖然小何並沒有感到自己這些強烈的狀態。小何質問張總的消息迅速在整個公司傳播開來，有人認為他是英雄，也有人不以為然。但更多人認為小何過於魯莽，不注意場合和時機，談話方式生硬，肢體語言強烈，將小何當作負面教材。

☆如何看待小何的談話方式

SP型人喜歡挑戰，但不欣賞來自對方突如其來的挑戰，因為SP型人的談話方式會因形勢的不同而有所差別。在不那麼重要的情形下，SP型人也可能表現出輕鬆的談話方式，他們會表現得輕鬆、愉快，要麼發表一下對自己或事情的評論，要不然就加入到對話中談論一下自己的看法，有時甚至會開一些玩笑。如果SP型人覺得無聊，他們的思緒可能會飄出去，轉而去思索一個完全不同的問題。

SP型人就像一個居高臨下的權威人士，經常描繪一些龐大的戰略性藍圖，有時也可能因為工作需要，偶爾關心一下細節。SP型人精力充沛、個性堅強。只有在覺得對方和自己水準旗鼓相當時，才願意和對方開誠布公地談論重要的問題。然而在不確定如何行動的情況下，SP型人會表

NOTES：

主導SP型人的談話方式

- 大膽、命令。
- 描繪遠大的、戰略性的藍圖。
- 為了構建或者控制形勢進行說明。
- 對細節表現得不耐煩。
- 言辭強烈，直到對方被迫給予回應。
- 可能會直接表達憤怒。
- 講話直接。
- 說話很少，表現出壓迫性沉默。
- 感覺被批評時開始指責對方。

現得比較安靜，開始嚴肅認真地考慮下一步的行動計畫。**當SP型人的思緒出現盲目、僵化時，對方可能充分領略到他們的強悍乖張**。

對於裁員這麼重要的問題，小何像很多SP型人一樣，敢於正面迎接挑戰。沒有任何前奏和徵兆，和新公司的副總裁關係也非常一般，小何卻不假思索地在大庭廣眾之下質問自己的主管。小何的衝動是由於幾個月的負面情緒累積所造成的，不由自主地將憤怒表達出來。小何對事情的判斷當然是正確的，但是他還是應該反思一下，如果能夠注意時機和措辭，效果會更好。

SP型人在受到不公的批評時，會習慣性地指責對方，然後採取行動，或者報復，或者離開。

☆小何的肢體語言

SP型人通常具有明顯的肢體語言，易於察覺，即使語氣緩和的時候也是如此。

當SP型人走進會議室，在座的同事，就連同樣是SP型人的上級總能感受到他們居高臨下的權威性，即使SP型人極力收斂，也難以掩蓋他們那自信滿滿的氣場。在說話時，SP型人總是隨時改變自己的聲音以調整影響力，希望自己的每一句話像刀子一樣刻在聽眾心裡。即使SP型人保持沉默，他們表現出的一些無言的暗示，也會讓周圍人感受到充沛的精力和強烈的壓迫感。

NOTES：

主導 SP 型人的肢體語言

- 即使沉默時，肢體語言也很明顯。
- 調整音量。
- 語速快且生硬。
- 通過各種方式達到最大影響力。
- 強烈的無言暗示。
- 拍打一切可以發聲的東西。
- 眉頭緊鎖，眼睛直視對方。
- 不斷搖頭。

SP型人一般會努力自制，因此，當別人不止一次說他們控制欲很強時，他們非常忿怒，幾乎發狂。

☆溝通盲點

SP型人總是以自己的行為去衡量對方，給對方一種壓迫感，「我這樣，別人一定也這樣」，這是SP型人溝通盲點的問題所在，但他們卻毫無察覺。

當張總被小何的質問嚇到時，小何感到很驚訝，在小何看來，他覺得作為一名高層管理人員，不應該缺乏勇氣。因為小何自己是有勇氣的人，他認為張總也應該是這樣的人，在面對質問時能積極回應。

小何感到驚訝，是因為這是SP型人的盲點在作祟：沒能意識到即使是膽子不小的人，也會被自己突如其來、充滿壓迫感的語言和氣勢嚇到。從小何的角度看，他已經努力控制自己的情緒，張總看到的可能只是自己真實感覺的60％。另外，小何希望張總和自己旗鼓相當，但在張總和其他人眼中，小何的那種行為富有侵犯性，好像在強迫自己放棄原來的主張，顯得粗魯、專制和蠻橫。

NOTES：

主導 SP 型人的盲點

- 沒有意識到自己的行為，即使一些並不膽小的人也會被嚇到。
- 他們的精力比自己預想的還要旺盛，認為別人也同自己一樣。
- 即使在儘量抑制的情況下也會表現出一種壓迫感。
- 不是所有人都能像自己那樣迅速抓住機會，但SP 型人卻不這樣認為。
- 有時在毫無意識的情況下，SP 型人也會顯露出自己的缺點。

有時SP型人會努力掩飾自己的缺點，但這在相對安靜的時刻反而會無意識地顯露出來。這個時候，SP型人可能正在反省所發生的事情或者開始擔憂未來的局勢是否會更加困難，但SP型人的壓迫感會無形傳遞到對方心裡，讓對方感受到這些缺點。

☆失真的濾鏡

SP型人具有強烈失真的濾鏡。他們痛恨軟弱，同時又覺得需要幫助那些不能保護自己的人。SP型人面對軟弱的態度也說明了為什麼他們總是無意識地在別人面前掩飾自己的缺點。在和別人交往時，SP型人總是會評判對方是強者還是弱者，是否要盡力控制局面等。如果對方表現軟弱，SP型人就會瞧不起這些人，對這些人所說的內容也不以為然。如果對方試圖控制局面，SP型人通常會隨時準備反擊。如果對方態度強硬但行為愚蠢，SP型人會表現出自己的蔑視，轉而控制整個形勢。如果真的有人需要保護，SP型人也會毫不猶豫地承擔起這個責任。

小何認為張總沒有能力、毫無責任感、控制欲強並且軟弱，同時感到那些遭到資遣的員工需要自己的保護。另外，小何也不信任張總，認為張總在資遣方案方面對員工耍手段。小何還認為張總是故意告訴自己錯誤的訊息，這樣那些被資遣的員工會因此怪罪自己，自己成了一頭替罪羊，最後還會被張總一腳踢開，遭受被解雇

NOTES：

主導 SP 型人的失真濾鏡

- 幫助那些自己認為應該幫助的人。
- 痛恨軟弱和膽怯。
- 喜歡控制。
- 喜歡誠實。
- 不喜歡被人責備。

的命運。

小何在這四個月中沒有和張總進行深入、坦誠和即時的溝通，使自己失真的濾鏡不斷被放大，最終與自己的上級發生了嚴重衝突。這是小何溝通失效的最終結果。

◆策略2：活潑樂觀，講述動人的故事

小方和同事老陸是一家兒童玩具公司業務三部的銷售人員，小方是一個溫和SP型人，希望能夠得到一份大的訂單。這個客戶是老陸的朋友介紹的，後來老陸邀請小方和他一起工作。老陸在兒童玩具領域已經有二十年工作經驗，並且準備好了給客戶的展示資料。而小方兩年前曾經完成一個比較小的，但與這個訂單相似的專案，而且很成功，因此她覺得自己在這個領域也很精通，是個專家。老陸開車時，小方開始瀏覽那份二十頁的展示資料。大約五分鐘後，小方覺得自己已經對後續的工作已經胸有成竹了，並就專案內容提出了很多新的建議。她的想法有些還是很有價值的，但另一些則缺乏實用性。在停車場，老陸下車後詢問小方是否需要再花多點時間，再看一遍相關文件。

「我已經看完了」，小方自信滿滿地回答。

老陸問道：「你真的這麼快就看完了？」

小方眼睛明亮，面帶微笑迅速回答：「我的速讀技巧是在南方財經大學商學院讀書時掌握的！這一門課程，每個學生都必須要學習。」內心深處，小方其實有些生氣，她開始在車邊踱步，心

想：「為什麼老陸認為我沒有讀完這些資料？如果瀏覽就能獲得相同的資訊，那我又何必非得要一個字一個字地讀呢？」

☆如何看待小方的談話方式

在被含蓄地質疑知識不足或者欠缺經驗時，為什麼溫和SP型人仍然能夠全身心地投入到工作中，根本不受影響呢？SP型人的談話方式自然，能快速地講述一個又一個資訊，喜歡通過講故事來闡述自己的觀點，並且想法不斷變化。**SP型人樂觀、迷人，就算從別人那兒聽到一些負面訊息，也會立刻開始重組資訊，從積極面進行思考**。如果做不到，SP型人會批評對方，這通常發生在SP型人覺得自己遭受責備的時候。

小方具有SP型人的談話方式：自然、語速很快，時時反映著她頭腦中的想法；另外，她的思維也快速地從一個想法跳躍到另一個想法，反應敏銳。小方瀏覽完資料後的行為，也表現出SP型人的風格，她想出了很多新點子，然後快速地按照順序一個接一個講出來，就像與自己自由討論一樣。

小方還會給一些含蓄的負面評價尋找積極的解釋，這種資訊的重組可以從她對「瀏覽」一詞的解釋中看出來。對絕大多數人來說，瀏覽並不是真正的閱讀，且是快速粗略地瞭解大致資訊。然而按照小方的觀點，瀏覽等同於閱讀，還是更有效率地獲取資訊的方

NOTES：

溫和 SP 型人的談話方式

- 說話快速、自然。
- 講述動人的故事。
- 從一個話題轉向另一個話題。
- 樂觀的、有魅力的。
- 避免談論關於自己的負面話題。
- 重新組織負面資訊。

法，那為什麼還要一個字一個字地讀呢？

☆小方的肢體語言

小方認為老陸對自己過於吹毛求疵，而她的這種想法已經通過肢體語言明顯地表現出來。當小方解釋自己曾經學習過速讀時，她提到自己在一所著名財經大學學習，這是為了向老陸傳遞自己受過良好教育的訊息。小方有些生氣，但是老陸並不一定能夠感受到她的情緒。小方的嗓音變得尖銳，表明她已經開始心煩，但音量較小，而且依舊面帶笑容，目光炯炯。**SP型人在不高興的時候也會微笑，但卻會顯得比較警惕，因此，他們的肢體語言可能會使人比較困惑**。

SP型人在講話時喜歡繞著什麼走或者來回踱步，就像小方在老陸的車邊走來走去那樣。在大多數的情況下，SP型人的肢體語言比較活躍，並不僅僅對應某種特定的情緒。比如說，被一個想法分散了注意力或者外界的刺激都會讓SP型人激動，然後他們就會走來走去；但是這些肢體語言最常對應的情緒包括激動、焦慮、憤怒或沮喪。

NOTES：

溫和 SP 型人的肢體語言

· 微笑、眼睛明亮。
· 生氣時嗓音比較尖銳，但音量小。
· 面容活潑，手勢或胳膊的動作很多。
· 講話時可能繞著什麼走或者來回踱步。
· 很容易分散注意力。

☆溝通盲點

這個案例同時還說明了SP型人的盲點。起初，老陸只是問了小方一個事實性的問題，因為他並不清楚小方是否可以像她自己說的那樣，快速地瀏覽並吸收相關資訊。另外，老陸認為小方後來提出的建議並不實用，可能是缺乏對該領域的相關經驗，他因此開始懷疑小方的能力。接著，老陸擔心小方是否真的掌握了展示資料內的所有資訊，擔心她是否能和自己深入合作。而小方在車旁來回踱步也擾亂了老陸的思緒，使他沒搞清楚小方到底說了什麼。

工作中如果沒有被認真對待，SP型人就會非常傷心，因為他們認為比別人有更多的想法，對工作的瞭解程度也比別人更加深入。然而，SP型人可能並不知道，被漠視或被刺痛部分來自於他們的溝通盲點，如果揭開這個盲點，SP型人一定會恍然大悟。

NOTES：

溫和SP型人的盲點

- 可能並沒有完全吸收自認為已經掌握的資訊和知識。
- 沒有認識到正是由於自己的行為才導致沒被認真對待。
- 經常變換的想法以及活躍的肢體語言會造成對方的不安。

☆失真的濾鏡

在老陸詢問小方是否需要時間再看一遍相關文件時，她失真的濾鏡開始發揮作用。小方覺得老陸問這個問題是在表達一種對自己的負面評價，她覺得這是對自己能力的一種質疑。

另外，SP型人的第二個濾鏡也在運轉：小方在老陸結束談話之前已經開始假設他的真實想法。這個案例中，小方還認為老陸是覺得他比自己能力強。

小方的這些反應導致她認為老陸的潛在目的，只不過是要在這個專案中掌握主導權。**SP型人如果覺得有人想要控制形勢或者冒充權威，就會變得非常警覺，深怕對方限制自己的選擇**。而從老陸的觀點來看，他的確主導著這個專案，客戶也是和自己聯繫，在這個領域中老陸遠比小方有經驗。而小方卻越來越擔心自己必須在這個受壓制的環境中接受老陸的指揮，還要承擔長時間的責任。這些都是SP型人失真的濾鏡在過濾資訊後的真實反應。

◆策略3：坦誠優雅，給予讚美

小孟和小龍是醫院的同事，小孟是一位勸說NF型人。一次，小孟和小龍在吃午飯時閒聊，小孟關切地詢問小龍最近怎麼樣。小龍很傷心地說他一個非常親近的同事最近在爬山時去世了，這件事小孟也知道。原來，前一段時間，醫院舉辦一次個人發展和成長的培訓課程，小孟和這位同事都參加了，其中一門課是幫助他們克服懼高症的爬山課程。在高兩百公尺的懸崖上，這位同事卻因突然嚴重發作的心臟病而去世。小龍覺得培訓師在這件事發生後表現得非常冷漠，在後續的課程中，好像已經忘了事故的發生。小孟恰好是這位培訓師的朋友，而且私底下，這位培訓師不止一次表示過對事故的痛心和後悔。當聽到小龍準備找自己朋友麻煩時，小孟變得非常激動，並且指責了小龍。

> NOTES：
>
> **溫和SP型人的失真濾鏡**
>
> ・感覺自己的能力遭到貶低。
> ・覺得知道對方要說些什麼內容，就不再認真聆聽。
> ・總是認為對方可能要對自己進行限制。
> ・被迫承擔一個長時間的責任。

☆如何看待小孟的談話方式

在和他人的交流中，小孟經常使用「給予」這個詞來形容自己。**勸說NF型人在談話時，經常詢問問題，並且不時地讚美別人，很少將注意力放在自己身上。事實上，如果有人講到有關自己的問題，他們總是會把話題轉移到對方身上**。當聽到不喜歡的內容時，NF型人溫柔、富有同情心的聲音也會瞬間發生變化，顯得非常不高興。無論詢問小龍的狀況，還是聽到朋友被人攻擊，會毫不猶豫地指責對方。

雖然對象不同，但反應卻是一樣的，這都體現了NF型人關注別人的特點。

☆小孟的肢體語言

上述場景清楚地表明NF型人談話方式的變化，先是溫柔、輕鬆，當激動時，嗓音會變得充滿抱怨和憤怒。同時，肢體語言也會發生明顯的變化，微笑、放鬆、關切等面容不見了，瞬間轉為眉頭緊鎖、表情緊張，這些變化非常明顯，即使在通電話的情況下也能感覺到。因為小孟覺得自己的朋友正處在被圍攻的危險中。

但很多時候，**當NF型人聽到有人說自己不夠親切、慷慨時，他們就會**

NOTES：

勸說 NF 型人的談話方式

· 詢問問題。
· 給予讚美。
· 關注別人是否滿足。
· 很少提到自己。
· 聲音溫柔。
· 聽到不喜歡的話題時會感到生氣或者開始抱怨。

NOTES：

勸說 NF 型人的肢體語言

· 微笑，輕鬆自在。
· 放鬆的面部表情。
· 坦誠、優雅的身體動作。
· 激動時眉頭緊皺，面部緊張。

非常憤怒，因為他們堅信自己不是別人說的那個樣子。

☆溝通盲點

上面的對話結束後，因為害怕小龍不開心，小孟又約小龍一起吃午飯。小孟首先問道：「我想知道你的情緒是否已經平復了？」緊接著又說：「不要做傷害培訓師的事情，他已經盡到責任了，遇到突發事件，他也無能為力。」

上面的談話內容顯示出NF型人的第一個盲點，即樂於幫助別人的表現下面可能掩藏著更為深層的動機。

在這個案例中，小孟的深層目的就是要保護那個培訓師，從而獲得這位朋友的讚揚。在其他情況下，NF型人在熱心幫助他人時，可能存在各種各樣的潛在目的，比如，為了獲得他人的感激，為了使自己獲得肯定，或者希望別人認為自己是必不可少的一員等。**無論何種目的，都與NF型人渴望認可與讚賞的需要緊密聯繫在一起，尤其是來自朋友、親近的同事和家人的肯定，這往往是NF型人非常樂於助人的深層動機。**在這個動機的催動下，小孟產生的認知盲點，越發錯誤地認為小龍一定在準備採取進一步的行動。

NF型人的另一個盲點在上面的案例中也有顯現。NF型人可能會問一大堆問題，如果由於某些原因又對談話喪失了興趣，他們的注意力就會迅速轉移到其

NOTES：

勸說 NF 型人的盲點

- 慷慨、友好、樂於助人的表現背後可能帶有隱藏的目的。
- 如果對他人不感興趣，就會迅速逃離。

他身上。小孟在問小龍最近怎樣時，對他的答案並不感興趣，因此也沒有注意到小龍的悲傷和憤怒，小孟的心思已經完全集中到那個培訓師是否會受到攻擊這件事上。

☆失真的濾鏡

這個案例同時顯示了NF型人的失真濾鏡是如何發生的。上述案例中未提到的一點是第二次談話快要結束時，小孟問小龍：「你還喜歡我嗎？」**NF型人的兩個篩檢程式通常是交織在一起的：一個是自己是否喜歡對方，以及對方是否喜歡自己，另一個則是對方是否在指責自己喜歡或者親近的朋友**。在這個案例中，小孟認為小龍正在攻擊那個培訓師，而那個培訓師是別人和自己都非常尊敬的人。

NOTES：

勸說NF型人的失真濾鏡

- 他人是否喜歡自己。
- 自己是否喜歡對方。
- 自己是否願意幫助對方。
- 對方的影響力有多大。
- 對方是否準備傷害自己想要保護的人。

◆策略4：嚴謹高效，自信而富有邏輯

小高是一家IT公司人力資源部的培訓經理，一個實幹NF型人，談話方式表現為務實。小高常常感到煩惱，因為當他聽到同事或上司認為自己冷酷、粗魯、虛假時，就會感到非常沮喪和不知所措，小高堅信自己不是別人認為的那個樣子。

小高正專注於如何成功地完成一個培訓課程，中場休息時，同事小姜找他談了一些事情。小姜

說：「我覺得課程進行得並不是很好，另外還有一件事，主管研發的副總裁約我今晚一起吃飯，他也是這個課程的參與者。可是他的太太出差了，我該怎麼辦呀？」

猶豫片刻之後，小高回應說：「課程結束後我們再討論這件事吧。」實際上，小高心裡想的是：「小姜為什麼會這個時候來找我？課程還有四個小時就結束了，我們應該專心致力於如何讓一切順利進行。反正現在除了這個我什麼都不想。」

小姜又迷惑又著急，她的想法是：「難道小高沒有聽到我在說什麼嗎？」

☆如何看待小高的談話方式

小高的反應恰恰表明了**NF型人的務實談話方式：有邏輯性、有效率，同時只關注重點**。小高的目的非常明確：我現在不想討論這件事。小姜認為課程進行得不是太好，但小高無法把一切重新拉回正軌。副總裁對小姜提出的過分要求使小姜感到憂慮，嚴重影響了她的工作狀態，只會損害接下來的工作。小高的反應正是NF型人最典型的選擇，那就是當面對自己所知甚少，且無法解決的問題時，他們就會變得不耐煩。同樣，小高也要儘量避免討論一個可能讓他偏離目標的話題。

課程結束後，小姜再一次和小高討論這個話題。小高聽了一會兒，只對部分感到有興趣，然後就開始按照時間順序列出了一

NOTES：

實幹 NF 型人的談話方式

- 清晰，有效率，邏輯嚴謹，經過良好的構思。
- 語速快。
- 避免自己所知甚少的話題。
- 避免會顯示自己消極一面的話題。
- 喜歡列舉具體的事例。
- 對長時間的談話表現不耐煩。

些小姜在培訓過程中表現不足的地方。所有寫下來的內容都是小高經過深思熟慮的，邏輯嚴密、富有條理。

☆小高的肢體語言

小高的肢體語言展現NF型人務實、自信的一些方式。儘管小高對培訓課程是否能順利進行也感到疑惑，但沒有人會看出小高會有這種憂慮，也沒有人知道小高經過思考後，會對小姜的苦惱說些什麼。高聳的肩膀以及來自胸腔處的呼吸使小高看起來非常泰然自若，鎮靜坦然。

不管是在課間休息，還是課程結束後的談話，小高都清晰地表明自己對這個談話內容不感興趣，完全沒有耐心。小高向小姜表明自己的態度之後，剩下95%的時間都在為完成既定目標服務。

☆溝通盲點

小姜無意識地觸動了小高的盲點。**如果覺得對方沒有能力或沒有自信，NF型人會變得不耐煩**。其實，小姜只是表達了自己的擔憂，但是在小高的眼中，小姜的這種憂慮是缺乏自信和勇氣的表現，會給自己和工作帶來不好的影響。同時小姜的行為還可能阻礙培訓課程的順利進行。另外，小高也不能忍受小姜關於課程的負面評價，這是**NF型人第二個盲點：不願意討論負面的話題，尤其是那些可能預示自**

NOTES：

實幹 NF 型人的肢體語言

- 看起來有條理。
- 看起來有自信。
- 從胸腔處深深地呼吸。
- 肩膀聳起。
- 為產生影響故意做出某種行為。
- 經常四處張望觀察別人的反應。
- 讓對方知道是時候該結束了。

己和目標失敗的話題。小姜覺得小高非常冷酷、粗魯，沒有真正關心自己的感受。但在其他場合，小高又會展現出I人的特點：風度翩翩、善於溝通、熱情、自信和富有感染力，讓團隊每個成員都感到輕鬆，是可以依靠和信任的夥伴，這些反差讓小姜感到非常困惑。

當聽到有人覺得自己冷漠、粗魯、虛假時，NF型人會感到非常沮喪和不知所措。

NOTES：

實幹 NF 型人的盲點

- 認為對方沒有能力時會變得不耐煩。
- 避免討論自己失敗的經歷。
- 表現得很有壓迫感。
- 表現得非常著急或者看起來不太理會他人。
- 可能看起來有些粗魯、虛偽。

☆失真的濾鏡

小高性格中的失真功能使他無法瞭解小姜的真實想法。事實上，小姜希望和小高共同合作，一起努力改進課程，但對副總裁提出的過分要求，也希望得到小高的支援和幫助。然而，小高的性格漏斗過濾了小姜真正所要表達的內容，他獲得的訊息因為失真，反而讓他理解為員工不喜歡這個培訓，這可能影響課程的順利進行。**絕大多數NF型人在談話中都會無意識地過濾那些預示自己可能失敗的資訊**。

另外，小姜在和小高的談話中顯得非常疲憊。**NF型人不太相信那些不自信的人所提供的資訊，通常不願意和沒有能力或者沒有勇氣的人近距離接觸**。小高對小姜的態度恰恰表現出上述NF型人的特點。

NOTES：

實幹 NF 型人的失真濾鏡

- 訊息對自己是否有用。
- 訊息是否會影響自己目標的順利達成。
- 對方是否表現出自信和能力。

◆策略5：隨和謙遜，照顧各方利益

小胡是一個典型的戰略NT型人，十年來，成功地經營著自己的事業，是一家大型電力製造企業的市場經理，目前她還是公司市場管理委員會委員。這個委員會的主席由公司分管市場的隆副總裁兼任，委員則分布在公司各個分支機構，每個月通過視訊會議進行交流，委員們一年僅僅碰面兩次。下面的事情發生在半年之內，包括視訊會議以及私人的電話交流。

委員會不太滿意目前合作之公關公司的表現，希望能換一家更專業的公關公司。隆總推薦了一家電信公司，這家公司目前想把業務範圍擴展到公關領域；同時，隆總還提議了另一家在公關方面富有經驗的公司作為備選。委員會開始討論究竟聘用哪家公司，小胡協助整個委員會瞭解這兩家公司的優勢和劣勢。另外，她還非常認真和細緻地列出了對代理公司的各項能力要求：包括表格、資料和分析圖。在其中一次視訊會議中，小胡建議選擇那家有經驗的代理公司。

然而，委員會最終選擇了隆總推薦的那家電信公司。三個月後，這家電信公司無法履行合約所規定的各項義務，公司的負責人不瞭解公關所牽涉的各項事務，團隊成員都是新招聘的員工，從業時間很短，不具備從事這項工作的相關經驗。委員會不得不再找一家公司來處理公關事務，由此證明小胡的判斷是正確的。

小胡相當氣憤，在一次私人通話中，她向委員會的一個同事抱怨：「我從來沒見過管理這麼混亂的委員會，根本不能聽取別人的不同意見！」

☆如何看待小胡的談話方式

NT型人通常會按照順序講述所有細節資訊，他們會照顧到各方面的問題，盡力維持和諧關係。小胡在管理委員會的談話方式就是如此。委員會有些同事的確記得小胡曾經建議選擇那家有經驗的代理公司，但沒有人知道她當時說了些什麼。這種集體失憶部分是由小胡表達觀點的方式造成的。

> 按照小胡的想法，她已經列出了公關公司所應具備的各項能力，同時也指出了這兩家公司的優缺點，而這些表述都是通過大量的表格、資料和分析圖展現的。很明顯，委員會其他成員通過自己的分析，就應該充分認識到那家電信公司欠缺相關的能力。另外，小胡也的確建議委員會選擇那家有經驗的代理公司。

然而，委員會並不像小胡認為的那樣去解讀她的行為。小胡的目的是讓大家選擇那家有經驗的公司，但在陳述自己的觀點時，小胡的鋪墊、輔助性工具過多，沒有突出重點；對兩家公司的分析用了同樣的精力，沒有展示出傾向性。只是在最後表達「建議選擇那家有經驗的代理公司」。讓大家感覺小胡只是在例行性地展現資訊，甚至感到小胡好像也很支持那家電信公司。

上述案例中未提到的一點是，在投票的時候，隆總詢問大家是否都支持電信公司，小胡為了避免衝突，也沒有清晰地表達自己的觀點，而是用了「嗯」這樣的詞語。在小胡看來，「嗯」只代表自

NOTES：

戰略 NT 型人的談話方式

- 按照順序提供細節資訊。
- 儘量公平，照顧到各方利益。
- 內心反對，為了避免衝突，表面贊同。
- 表示同意的詞語，通常會用「是」、「嗯」等。

己瞭解對話的內容，相當於兩人談話時的點頭而已，並不代表同意，儘管很多人都不像她所說的這樣理解。這種傳遞訊息的模糊性，導致接收者產生誤判，沒有人知道小胡其實是那麼強烈地反對選擇那家電信公司。而小胡卻因為大家沒有聽取自己的意見，感到困惑和不滿。

如果別人不聽取自己禮貌的要求和建議，NT型人先是感到困惑，然後會暗自生氣。

☆小胡的肢體語言

小胡的肢體語言同樣會讓其他委員誤解她的真正意思。**NT型人在談話和表述觀點時，通常隨和、謙遜、放鬆，很少公開顯露自己的情緒，在持積極或者中立態度時經常以微笑帶過。這種肢體語言，會讓人產生誤解**，感覺小胡的觀點和表述非常隨意，只是例行公事而已，選哪家公司都可以。

如果NT型人不太贊同，他們的不同意經常顯示在臉上，而不是口頭上。由於視訊會議的局限性，其他成員很難長時間和細緻地觀察小胡的表情，從而無法瞭解她的真實想法。這些肢體語言都會掩蓋小胡的真實表意，使同事產生誤解。

NOTES：

戰略 NT 型人的肢體語言

- 隨和，看似隨意，放鬆。
- 微笑，謙遜。
- 很少顯露強烈的情緒，尤其是負面感受。
- 通過面容而不是肢體語言來表達情緒。

☆溝通盲點

小胡很生氣，但是她的憤怒卻不是針對自己的意見是否被忽視，而是針對整個委員會的能力和水準，她想當然地認為委員會管理混亂，能力很差。小胡的憤怒點之所以發生變化，是因為NT型人的盲點在發揮作用。

小胡沒有意識到她對公關事務的詳細解釋，並沒有抓住委員們的注意力；也沒有意識到，由於對兩家公司的分析投入了相同的精力，同時列出了多種觀點，其他委員已經開始懷疑小胡是否知道正確的選擇；小胡缺乏清晰的態度，使她的觀點缺乏相應的影響力。儘管小胡認為自己的表達已經足夠清晰，但這種不夠直接的方式使得同事根本無法理解她的真正意圖。

☆失真的濾鏡

NT型人對被忽視的感覺非常敏感，這種失真濾鏡的作用清楚地從小胡對委員會的評價中顯現出來：「我從來沒見過管理這麼混亂的委員會，根本不能聽取別人的不同意見！」**NT型人在被批評或者被輕視時也很敏感，這通常發生在有人不同意他們觀點的時候**。小胡覺得整個委員會都反對自己的觀點，這個失真的濾鏡使她根本沒有注意到事實上還是有人贊同自己的。

小胡在向同事抱怨「管理混亂」時，另外兩個失真的濾鏡也在發揮作用。這個同事並不贊同小胡的看法，並試圖改變她對委員會的看法。如果NT型人覺得別人在向自己提出要求或試圖改變自己，就會表現得非常抗拒。當聽到同事反對自己的觀點時，小胡便會固執地堅持自己的立場，這時她已經無法聽取對方的任何訊息。

NOTES：

戰略 NT 型人的盲點

- 長時間的解釋導致聽眾喪失興趣，產生疲憊感。
- 羅列多種觀點，導致自己的真正看法缺少影響力或者可信性。
- 別人不能理解 NT 型人的真正需要。

那個同事解釋說自己從一開始就贊同小胡的觀點，但是卻無法同意小胡關於委員會的說法。而對於小胡，她只注意到了這位同事反對自己對委員們的看法。

在擔憂對方是否生氣時，NT型人的另一個濾鏡開始工作了。因為NT型人是那麼熱切希望維持和諧的人際關係。小胡在抱怨委員會的時候，才發驚覺談話的對向是委員會的副主席，她開始害怕副主席是否會因為自己的批評而感到憤怒；由於過度擔憂，小胡根本沒有將副主席後來說的話聽進去。

> **NOTES：**
>
> **戰略 NT 型人的失真濾鏡**
>
> ·要求 NT 型人改變或者做某些事情。
> ·被批評、忽視或者輕視。
> ·別人擁有相反的觀點。
> ·害怕別人對自己生氣。

◆策略6：分析探索，給予中肯的評論

小賈是一家商業銀行的理財經理，探索NT型人，工作很出色，能力很出眾。最近小賈必須和上司談談晉升和加薪的問題了，他非常擔心，已經在腦海中無數次地排演過這個場景。因為害怕上司忘記事先預約的時間，小賈已經打了幾次電話提醒上司；另外，想到上司可能會遲到，他已經先期為此做好準備，以防到時驚慌失措。

是應該直切主題呢，還是先介紹一下自己對公司的貢獻？這個問題以及其他很多可能的選擇一遍遍地浮現在小賈的腦海中，如影隨形，揮之不去。

小賈來到上司的辦公室，他首先介紹了自己對公司的貢獻，語氣大膽，又很溫和。說到一半

時，小賈開始擔心上司是否同意自己所說的內容。他的講話開始變得猶豫：「你、你、你是否也這樣認為呢？」

☆如何看待小賈的談話方式

探索NT型人的談話方式，有時顯得清晰、自信，有時聽起來又模糊、擔憂。

當上司提到一些不太贊同的方面時，小賈簡直要發狂，他努力控制著自己的情緒，或者說試圖掩蓋自己的情緒。最終小賈提到晉升問題時，他是這樣開始的：「好的，也許你並不想這樣做，因為……」

NT型人經常先預想一些消極的可能性，然後針對這些可能性提出解決的方法，就是對一個預想的危機提出實用的解決方案。

☆小賈的肢體語言

NT型人具備勇氣時，他們的肢體語言會表達出這種勇氣，就像小賈在談話之初的表現一樣。**他們身體前傾，眼睛直視對方，看起來就像能夠實現任何目標**。這個時候，NT型人顯得興奮、迷人、精神投入。**如果他們表現得擔憂，就立刻像受到圍攻一樣，眼睛開始水平地來回移動，臉部肌肉變得緊張，看起來就像被獵人追趕的小**

NOTES：

探索 NT 型人的談話方式

· 開始是分析性的評論。
· 講話要麼吞吞吐吐，顯得很猶豫；要麼大膽、自信。
· 喜歡談論煩惱、令人關心的事以及進行假設分析。

NOTES：

探索 NT 型人的肢體語言

· 眼神大膽、直接。
· 顯得興奮、迷人、投入。
· 有時眼神會水平地來回移動，像在掃描危險。
· 面部表情顯得擔憂。
· 感覺到威脅時快速地無聲反應。

鹿。在巨大的壓力下，NT型人的這些無聲反應都是無意識發生的。

☆溝通盲點

如果有人覺得NT型人悲觀厭世，他們就會反應過度，畢竟他們已經努力掩飾這一切了，儘量表現出積極的一面。

儘管小賈已經努力掩飾自己的不開心，但在別人看來仍然很明顯，這就是NT型人的盲點：無論如何掩藏，別人總能感受到他們的擔憂。**NT型人有時看起來很自信，但他們表現出的明顯擔憂卻會讓別人質疑他們的能力**。比如，小賈的上司可能也開始擔心：如果小賈自己都覺得不可能獲得晉升，那我也不應該提高他的職位。**另外，NT型人還喜歡設想最壞的結果，這樣往往給人留下消極、悲觀、什麼也不做的印象**。

> NOTES：
>
> **探索 NT 型人的盲點**
>
> - 進行最差後果的預想會給人留下消極、悲觀、什麼也做不成的印象。
> - 自我懷疑和擔憂會讓別人質疑 NT 型人的能力。
> - 無論如何努力掩飾，NT 型人憂慮和擔心的表現還是很明顯。

☆失真的濾鏡

在去見上司之前，小賈身上的失真濾鏡已經在發生作用。NT型人和SJ型人一樣，也屬於情緒型，對權威非常敏感。**NT型人對權威所持的態度是看他們能否正確地利用自己的權力，即是否能夠公平、公正地運用權力，更重要的是不會傷害到自己**。

NT型人的第二個失真的濾鏡就是把自己的態度、感情或猜想歸因到別人身上。當小賈覺得上司不同意自己的自我評價時，他開始列出一堆自己不能獲得晉升的原因。事實上，小賈是把自己的恐懼歸因到上司身上，他覺得上司是因為對自己某些方面的表現不滿意而不提升自己的職位，但又不知道哪那方面的原因，只得將他主觀認為的原因羅列出來。

小賈不但預想了最壞的場景，而且把自己的想法投射到上司身上，覺得上司對自己充滿懷疑。小賈認為上司對自己能力的質疑同時顯示出NT型人的第三個濾鏡：別人是否可以信賴。在這個案例中，小賈認為在今後的職業生涯中，上司將不再值得信賴。

NOTES：

探索 NT 型人的失真濾鏡

- 別人運用權力是否正當。
- 將自己的想法、感覺歸因到他人身上。
- 他人是否值得信任。

◆策略7：精確詳細，振奮人心

老程剛剛被一家非營利機構聘任為董事會主席，分析SJ型人。在瞭解了該機構目前的混亂狀態後，老程完全驚呆了，他開始關注於如何獲得整個董事會的支持。在第一次董事會會議上，新任董事小穆總是指責老程。小穆屬於NT型人，每當老程說了什麼，她總是問「為什麼」，比如，「為什麼不實施這種政策」、「為什麼我們不能試一試」、「為什麼這種方法可行呢」。老程非常生氣，他不明白小穆為什麼對他和這個機構那麼吹毛求疵。

而小穆決定在最近的一次會議後退出董事會，因為自己每次想要獲取更多資訊的努力以及所提的建議，換來的都是董事會主席老程的敵視和不滿。小穆覺得其他董事會成員都特別欣賞自己的工作能力和創造力，只有老程反對。

老程作為分析SJ型人，感到十分苦惱，覺得自己處於一個無法控制局面的工作環境中，所以每當小穆提出問題，經過他的失真濾鏡作用下，這些就會變成批評。

作為NT型人的小穆，剛剛進入一個新的工作環境中，她覺得老程誤解並完全拒絕了自己。這些都是NT型人通常具備的篩檢程式在起作用：總覺得被誤解和被拒絕。小穆不能理解老程的真實想法，也看不到他為整個機構所作的具有創造性的發展規劃。

☆如何看待老程的談話方式

老程和小穆之間的磨擦是日積月累的結果，其中雙方的「溝通方式」起到了推波助瀾的作用，我們主要分析老程的溝通方式。

如果給SJ型人的談話方式下定義，最合適的詞就是「細心」，因為他會努力選擇最恰當的詞來表達自己的意思。比如「好的」、「應該」、「應當」總是交替出現在老程的話語中。SJ型人思維反應迅速，一旦覺得自己被他人責備就展開反擊。下面這段對話可以說明我們瞭解SJ型人的談話方式。

老程和小穆準備參加一個專業會議。老程對小穆說的第

NOTES：

分析 SJ 型人的談話方式

- 精確、直接、振奮人心、清晰、詳細。
- 和別人分享關於工作任務的想法。
- 經常掛在嘴邊的詞包括：應該、應當、必須、正確的、傑出的、好的、錯誤的、正當的等。
- 思維反應快速。
- 在被批評時開始自我防禦。

一件事就是：「你沒有穿正式服裝？」

小穆因為這種直接了當的評論感到有些吃驚，立刻回應道：「什麼？你為什麼對我說這些？」

老程的反應非常迅速並且真誠：「你的穿著對這次會議來講太過休閒了，你應該穿正式一點的服裝。我只不過想幫幫你。」

老程在和小穆的談話中沒有出現「正確的」或者「必須」的字眼，但是這種意思卻清楚地通過「你沒有如何如何」以及「你應該如何如何」表達出來。老程的快速反應和防禦性解釋都是SJ型人談話方式的主要特徵。

☆老程的肢體語言

在和小穆的對話中，老程的肢體語言變得越來越緊張。從老程的內心來說，他單純地只是想要幫助自己的同事，而不是存心批評和故意刁難。

隨著討論的繼續，老程的下巴開始緊繃，眼神變得激烈，腰板挺得筆直並開始向後移動。老程在服裝和配飾上經過精心修飾，著裝與出席場合相得益彰。他如此重視外表，主要是希望與同事分享他的觀點，因為SJ型人對自己要求非常嚴格，也希望同事能和自己一樣認真對待每一件事，盡管小穆對此根本不感興趣。

NOTES：

分析 SJ 型人的肢體語言

- 腰板挺直。
- 肌肉緊繃。
- 目光直視。
- 肢體語言可能洩露出自己否定的態度。
- 衣著講究，經過仔細整理和熨燙。

老程的肢體語言使小穆感到緊張和不安，她認為這是老程吹毛求疵，故意刁難自己，再和雙方在工作中的衝突相結合，老程與小穆的磨擦只會越來越嚴重。**當有人告訴SJ型人覺得他們在責備別人時，SJ型人感到很受傷害並且十分生氣，因為他們認為自己已經竭盡全力控制情緒了**。

☆溝通盲點

上面的對話暴露出老程的一個盲點，老程沒有意識到自己在實際上已經批評了小穆的穿著，而且在小穆表達了不滿後，仍然堅持自己的意見。**SJ型人即使努力控制自己的情緒，仍然會顯得有些挑剔和不耐煩**。這些都會引發小穆的不滿，加深彼此的對立。

☆失真的濾鏡

SJ型人總是努力做正確的事情，當他們對別人提出批評建議時，非常喜歡專注於觀察和過濾對方的反應。因此老程對小穆憤慨和質疑的表現非常生氣。另外，**SJ型人對自己的看法非常有自信，往往不能正確判斷對方所說內容的真實含義**。老程認為小穆的穿著實在不合適，甚至對她不花時間挑選合適的服裝感到氣惱，再聯想到彼此工作中的種種不快，老程會將小穆歸類到「不負責任、不遵守規則」這類人中，因此根本沒有聽出小穆話語中表現出

NOTES：

分析 SJ 型人的盲點

- 看起來有些挑剔、不耐煩，或者生氣。
- 固執地堅持自己的觀點。

NOTES：

分析 SJ 型人的失真濾鏡

- 被他人批評。
- 專心於自己的想法。
- 關注他人的表現是否正確和可靠。

的受傷感和怒氣。

老程與小穆關於穿著的對話可以反映出完美SJ型人溝通方式的特點，正是由於雙方都誤解了彼此溝通方式的這些特徵，才點燃了他們心中的怒火，誤解不斷、互相敵視。

◆策略8：獨立觀察，捕捉關鍵訊息

小徐是一家大型物流集團的中層管理人員，協作SJ型人，最近參加了一項關於「MBTI」和交流方式的商業課程。課程中介紹了協作SJ型人的談話方式：要麼惜字如金，只用很少的詞彙或短句；要麼長篇大論，像寫論文一樣。

當培訓師問小徐原因時，他先是沉默了一會兒，然後謹慎地答道：「原因很簡單，這取決於協作SJ型人對這個話題究竟有多少瞭解。」

☆如何看待小徐的談話方式

在上面的例子中，小徐的回答簡練、小心，認真選擇措詞。他給出了一個概括、客觀的回答，沒有使用個人性的用詞，比如「當我對談話主題瞭解時就會說很多」等。**在大庭廣眾之下，SJ型人通常會交換彼此看法，很少談及自己的感受**。小徐在上面的回答中也沒有提到自己的感

> NOTES：
>
> **協作 SJ 型人的談話方式**
>
> ‧談話要麼簡明扼要，要麼長篇大論。
>
> ‧精心選擇用詞。
>
> ‧很少分享個人資訊。
>
> ‧分享思想而不是感受。

受，比如「如果不知道答案，我會感到很著急」或者「如果我對相關資訊所知甚少，就會覺得很難堪、很不安」。

☆小徐的肢體語言

當小徐與大家分享自己的見解時，他的肢體語言就像絕大多數SJ型人一樣，面部沒有太多表情、身體挺直，看起來就像一個客觀的記者在進行報導或者置身於事外，發表觀察後的評論。**通常SJ型人看起來就像一直生活在自己的世界，沉浸於想法中。由於這個原因，SJ型人通常被稱為「只討論想法的人」。如果我們近距離觀察SJ型人，會發現他們似乎只討論自己頭腦中一部分的想法，或者有時候談話SJ型人好像還在從背後偷偷進行觀察。**

NOTES：

協作 SJ 型人的肢體語言

- 表達想法時很少涉及感情內容。
- 顯得獨立、自制、克制，沒有太多肢體語言。

☆溝通盲點

SJ型人的第一個盲點就是過度強調自己頭腦中的想法，從而在人際交往中顯得不熱情，對話往往無法繼續進行。SJ型人也會感到很溫暖或者富有同情心，但他們儘量不表現出這些情緒。SJ型人還具有一種能力，就是可以暫時逃離自己的情緒，然後在準備好或者感覺比較舒服的情況下再重新考慮事情。這種思想和感覺的分離往往使SJ型人給人留下冷淡、疏遠的印象。

小徐在解釋了為什麼SJ型人有時長篇大論，可能會失去聽眾；有時沉默寡言，可能無法被人理解之後，聽眾笑了起來，表示感激他的說明。這時小徐的回應是無聲的：一個苦笑，表現得好像聽眾的反應讓他很愉快。但是讓小徐驚訝的是，對方覺得他表現得太過傑出或者高傲。聽眾中有人覺得小徐的笑充滿嘲弄，好像在說「你們連這個都不知道」；事實上，小徐的感覺是很高興能向大家介紹SJ型人的內心想法。

☆失真的濾鏡

小徐所在課程的導師非常清楚SJ型人所具備的失真濾鏡，因此她在提問時非常小心，以防觸發SJ型人的失真過程。一旦覺得別人對自己有所期望或者自己感覺不合適，SJ型人就會隔離自己，保持沉默。因此，培訓師這樣概括並且不帶感情地提問：「有沒有哪個SJ型人願意解釋一下，為什麼他們談話時會採取兩種完全不同的方式？」這樣的措辭，不會給任何課程參與者造成必須回答的壓力。

另外，培訓師在提問時，始終站在原地，沒有移動，這樣就不會「侵入」聽眾中任何一個SJ型人的個人空間。**如果有人在物理空間上距離SJ型人太近，他們失真的濾鏡就可能開始發揮作用，從而歪曲對方的意思。**

NOTES：

協作 SJ 型人的盲點

- 不會表現出熱情。
- 顯得冷淡、疏遠。
- 有時說得太多，可能會失去聽眾。
- 有時又會講得太少，可能無法被別人理解。
- 有時顯得很謙遜，有時顯得很張揚。

NOTES：

協作 SJ 型人的失真濾鏡

- 要求和期望。
- 感覺不適當。
- 他人帶來的情緒壓力。
- 信任他人以保留隱私。
- 覺得身體接觸太過親密。

3 改善自己的溝通能力

溝通指的是彼此之間相互傳遞訊息、思想和感受。**良好的溝通是雙方尊重和信任得以建立的基礎**。人們有各種各樣的理由來與人進行溝通，比如為了使他人瞭解並理解自己，或者希望對他人的態度以及行為施加一定的影響。在現實生活中，溝通雖然經常被人們提及，但卻常常遭到忽視，沒有給予它應有的重要性，甚至還感覺這是理所當然的。

正因為溝通是一個「雙向道」，所以它不只是簡單地把事情告訴對方就可以了，作為回應，如果你還希望完全無誤地理解對方試圖向你表達的意思，這還涉及如何傾聽，以及和對方如何進行肢體交流的問題。當然，雙方在交流時各自使用的溝通技能、說話方式、要表達的意思是完全不同的，總會存在一些差異，尤其是在人際往來中，隨意作出一些假設，認為雙方在很多方面都是相同的，很容易導致誤解的出現。因此，我們在與他人進行交流時，應該首先審視自己在頭腦中形成的各種假設，它們都是對彼此不同觀點與意思的一些先入為主的看法，並探究其是否與實際相符合。並且，在此過程中，充分考慮彼此在某些方面存在的差異，比如雙方的天賦、性格、氣質、需求、情商、專業、學歷、職業、社會背景以及交往範圍等的不同，這些不同可能導致在溝通中出現以下幾方面差異：

- 聲音的語調和表述模式：例如，訊息表述的方式、意義的澄清，以及情感的表達。
- 交流過程中的「插話」模式：例如，打斷一段自然流暢的對話，可能引起對方的憤怒。
- 表達同意和反對的方式：例如，當對方說「是的」，其意思可能是「我已經聽到你說話的內容」，而不是「我同意你」。

- 表示禮貌的方式以及對傳統的遵守。
- 構建觀點和組織訊息的方式。
- 情緒情感如何表達：例如，在一個特殊的交流背景下，情緒情感的表達被認為是恰當的，但是在另一個情境中卻顯得極不恰當。

每個MBTI人格類型者的交流方式都是自然形成的，這已經成為我們各自生活的一部分，但是通過努力，這些天生不同的交流方式仍然可以加以完善與提升。下面羅列了一些實用技巧，幫助我們去除失真濾鏡的影響，改善和管理自己的溝通能力，從而正確理解他人，同時也被他人理解。

◆一次改善一個行為

一次只需改善一個行為，這是最有效的方式。一次想改善所有行為的想法，不太可能實現；另外，每個特定行為的改善，都會導致其他方面的改善。**筆者建議大家根據自己的行為特點，按照下面的順序，改善自己的交流方式：談話方式、肢體語言、溝通盲點、失真的濾鏡**。

最簡單的方法是首先改善自己已經意識到的行為。上述四個方面就是按照我們意識到的程度排列，從最明顯的到最沒有意識的。

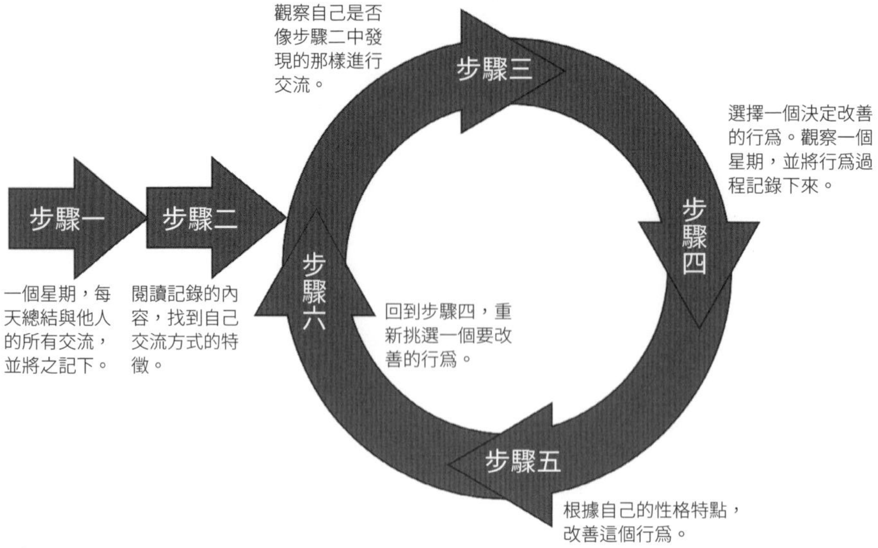
觀察自己是否像步驟二中發現的那樣進行交流。
步驟三
選擇一個決定改善的行爲。觀察一個星期，並將行爲過程記錄下來。
步驟一
步驟二
步驟四
步驟六
一個星期，每天總結與他人的所有交流，並將之記下。
閱讀記錄的內容，找到自己交流方式的特徵。
回到步驟四，重新挑選一個要改善的行爲。
步驟五
根據自己的性格特點，改善這個行爲。

圖十七　改善交流方式的步驟

◆增強自己的意識

進一步瞭解自己在發送和接收訊息時，是如何使相關內容失真的。（圖十七）

步驟一：連續一個星期，每天花十五至二十五分鐘總結一下當天與他人進行的所有交流。在自我反思的同時，問自己一個問題：我的性格類型對我和他人的交流究竟有什麼影響？並簡單寫下自己的答案以防忘記。

步驟二：接著上一步的下一個星期，閱讀自己記錄的內容，儘量找到自己交流方式的特徵。

步驟三：再一個星期，仔細觀察自己是否像步驟二中發現的那樣進行交流。

步驟四：在進行步驟三的那個星期最後，選擇一個決定改善的行為。然後再花一個星期，觀察自己究竟在什麼時候又開始這種行為。如果可能，就在行為過程中把它記錄下來。

步驟五：根據自己的性格特點，開始改善這個行為。花一個星期，改善一個行為。我們可以在準備實施該行為之前改善自己，或者在實施過程中停止該行為，兩種方法都會有效果。

步驟六：重新回到步驟四，挑選一個新的改善行為，重複需要的步驟，務必記得，一次只需要改善一種行為。

◆溝通的一些技巧

如下一些技巧能改善與提高我們的溝通能力：

- 獲得回饋。徵求別人，包括家人和朋友，對自己交流方式的回饋意見。選擇那些瞭解你的人或者你尊重的人。
- 錄音或者錄影。將自己與別人的電話交流進行錄音，反覆多聽幾次，然後放給別人聽，徵求他們聽過之後的印象。在開會時或者演講時進行錄影，反覆播放幾次，觀察自己人格類型所具有的行為方式。
- 積極地聆聽。積極地聆聽可以降低接收訊息時，失真濾鏡的作用，將自己對別人講話的內容以及感情的理解講給對方聽，從而確認自己聆聽技巧的正確率。
- 找一位導師。找一位瞭解你並且熟悉DISC理論的指導者，徵求他的意見。

第七章　如何有效回饋

要想表達自己的觀點，有效回饋，就需要有同理心，以他人的立場換位思考，要真心地嘗試傾聽和理解他人之言。做一個積極的傾聽者，然後給予對方有品質的回饋。需要在開口前進行思考，遣詞用字不單單表達自己的觀點，也要從對方的角度思考問題。

「回饋」是溝通的重要組成部分，涉及一個人對另一個人行為的直接、客觀、簡單、禮貌的看法。缺乏回饋能力、缺乏對結果預測的能力和缺乏回饋技巧，被視為實現工作目標的三大障礙。遺憾的是，絕大多數團體和個人不願意進行回饋。很多人要麼沒有認識到回饋的重要性，要麼對自己提供回饋的能力沒有信心。有些人是由於自己的原因，比如害怕回饋會傷害對方的感情或者使形勢更加惡化。

1　為何回饋會困難重重

小劉和老王是公司市場部的同事，小劉準備以客觀的、基於事實的態度向老王提出意見，他打算在談話的時候直接切入主題。小劉想：半個小時足夠說清楚我的觀點了，再舉一個具體例子，給他思考的時間，最後我和老王可以再約時間討論一下彼此的意見。

小劉考慮好這些後，決定這樣對老王說：「老王，我的意思不是說你的工作做得不好或者你不具備做這項工作的能力，我只是認為你應該花更多的精力在與客戶的溝通上，哪怕因此減少做準備工作的時間。如果你需要，我可以提供協助。有兩個客戶抱怨與你的會面總是草草結束，太過匆忙。不如你想一下這個問題，我們這個星期再找個時間仔細地討論一下，好嗎？」結果，小劉和老王之間的談話完全失敗了。

在這個情境案例中，小劉屬於護衛者（協作SJ型人），他向老王提出意見的方式和自己喜歡的接受回饋的方式一樣：簡要、合乎邏輯、理性，當時並不給對方留出足夠的時間進行辯解。在小劉看來，事後讓老王獨自反省和認真考慮，可以讓他有時間準備自己在這方面的意見。老王恰恰也屬於護衛者（分析SJ型人），他在聽到小劉的評價後感到非常生氣。儘管小劉的本意是良善的，但他提供回饋的方式卻使情況變得更糟糕。

SJ型人喜歡精確的回饋意見，然而小劉並沒有給出任何明確的資訊，相反，只是陳述自己的印象和觀點。同時，小劉所舉的具體例子，老王也不贊同。

SJ型人討厭那些包含是非判斷的回饋意見。小劉所說的話，暗示了老王做了錯事，比如「抱怨與你的見面總是草草結束」、「你應該花更多的精力在與客戶溝通上」。在老王看來，「抱怨」隱含著「錯誤」的意思，「應該」則暗示著自己做了一些不正確的事。

SJ型人通常喜歡那些以真誠的讚揚開頭的回饋意見。小劉認為自己一開始就表明「我的意思不是說……也不是說你沒能力……」也是一種表揚，只不過這種拐彎抹角的讚揚是把積極的內容以否認的方式表達出來。老王同樣也懷疑小劉表達「我只是認為你應該……」時的誠意，在老王看來，這就像是一個否認說明。很多引導詞的使用，比如「只是」、「但是」，其中隱藏的含義就是否定前面所說的內容。

SJ型人希望回饋的意見是客觀的，但同時也應當是友好的。他們通過對方的肢體語言、說話語氣來體驗這些感受。小劉可能真的很關心老王，但是小劉理性、簡要的說話方式，卻沒有顯露出任何擔心的情緒，反而體現了指責的情緒。而受關注正是老王所需要的，因此小劉的回饋最終沒能發揮到作用。

人們在進行交流時都希望擁有一定程度的影響力，護衛者（分析SJ型人）尤其如此，他們總想控制整個局面。小劉決定這次會面儘量簡短，然後這個星期再約個時間與老王碰面，這是因為作為護衛者（協作SJ型人），在回應對方意見之前需要時間調整一下自己的感覺。然而老王卻感到很憤怒，他認為把談話分兩次進行，只是小劉單方面的決定，自己不但無法表達當時的感受，反而有被操控的感覺。

上述案例反映了一個現實問題，提供回饋和接受回饋不僅重要，也非常困難，主要是由以下三個原因造成的。**第一，在發表意見時，我們不瞭解自己和對方的性格類型，究竟會發揮怎樣的干擾作用；第二，我們可能缺乏提供回饋和接受回饋的相關技巧；第三，我們可能不知道如何根據ＭＢＴＩ人格類型來調整回饋方式，包括說什麼和如何說**。

由於反面的意見遠比正面的意見更難說出口，在所舉的案例中，我們會集中描述如何傳達否定的回饋訊息，也稱為「建設性的」或者「糾正性的」回饋訊息。需要注意的是，不管是傳達積極性的，還是消極的回饋訊息，這些原則都可以適用。

本章包含一些具體的事例，主要講述每種ＭＢＴＩ人格類型在向他人傳遞回饋意見時可能犯的錯誤，而不管訊息接收者究竟屬於哪種類型。每種類型的人都有一些特定的行為可能影響回饋意見的傳達，因此，每個例子後面都列出了一些該類型需要注意的地方。我們可能已經知道了自己在MBTI人格類型中的位置，但未必知道對方屬於哪種類型，因此最好的方法還是從自己做起。意識到自己提供回饋意見的局限性後，我們就可以努力降低這些特定行為的負面影響，從而可以更有效地提供回饋。

每種MBTI人格類型中都有一些善於提供回饋意見的人，遺憾的是，絕大多數人都處在上述案例中小劉的位置，在提供回饋時總會犯一些錯誤，而這些錯誤是與我們性格類型所表現出的行為趨向聯繫在一起的。

儘管我們的出發點都是一樣的，每種類型的人都有其擅長和偏好的回饋方式，通常就是自己喜好的接受訊息方式。然而出乎意料的是，善良的本意並不代表我們就能有效地提供回饋訊息。是什麼阻礙了我們特有的回饋能力發揮呢？本章將給出一些答案和想法。

有趣的是，**向和自己擁有相同性格類型的人提供回饋訊息是最困難的**。我們可能討厭那些與我們行為類似的人，因為他們總是讓我們想起自己。因此，這種情況下的回饋會帶有一些負面因素，對方憑直覺就能感受到，然後就會憤而反擊。

◆策略1：掌握時機，在必要時給予回饋

老周和小朱是一家IT公司客服部的同事，假設老周是一位典型的溫和SP型人。這段時間，小朱在處理與客戶的關係時屢屢失誤，公司接到了兩家客戶對小朱的投訴：「朱經理在與我們見面時總是草草結束，太過匆忙」。老周希望指出小朱工作中的問題，並幫助他改正。在和小朱的對話中，

老周一開始可能會極力渲染事情進行得有多麼順利，然後才會切入正題：「有一個小事情，但我相信你可以很輕鬆地處理。」

SP型人往往在必要的時候才會給予回饋，但他們不喜歡討論負面的事情，尤其是那些讓自己或對方感到痛苦、不舒服和敏感的問題。**SP型人在工作中會儘量避免感受以及思考一些消極的事情，他們覺得別人也該這樣。因此，有些SP型人往往採取樂觀和溫和的方式傳遞一些負面訊息**。

SP型人往往善於把問題放在一個不同的、積極的、更大的背景中重新考慮。

在老周與小朱的溝通中，老周首先把客戶的問題歸因於小朱的能力不足，他會告訴小朱：「這些客戶剛剛進入這個行業不久，他們可能無法理解會議中探討的問題。」或者，老周認為是由於客戶自己公司的不確定性才導致問題的發生，老周可能會說：「這兩位客戶的公司目前正在研究各自的併購方案，沒有時間仔細思考你的問題，這是客戶他們的原因，與你們之間的見面沒有關係。」

老周的這種回饋方式也許是善意的，希望將小朱的問題放在一個客觀的環境中進行評價。這種重新思考問題的方式也許是正確有用的，但也會掩蓋真正的原因，讓小朱產生錯覺，認為這一切都是客戶的責任，自己根本沒有必要做出任何改變。老周希望通過回饋指出小朱在處理客戶關係方面需要提高的用意徹底失敗。

SP型人在給予回饋時的另一個問題在於跳躍式的思考。一個想法接著一個想法，SP型人可能會在例子和解決方案之間來回跳轉，一會又突然穿插對客戶意見的分析，最後又列舉了很多例子。SP型人可以跟得上自己腦中高速運轉的多種想法，但對方卻不見得做得到。

小朱聽了老周的意見，開始反思自己的問題，但老周突然話鋒一轉，和小朱又聊起了公司在研發方面的問題，一會又談到了人資部門在績效考核方面應該做哪些改進。當老周說得不亦樂乎的時候，小朱聽著卻是一頭霧水、不知所云，就連剛剛開始思考的問題也給忘了。

儘管SP型人具備敏捷的多向思維，但是回饋的接收者卻只能在完全解決一個問題後才考慮另一個問題。SP型人要特別注意這點。

★回饋建議

- 保持自己的樂觀，但是注意不要掩蓋接收者需要聽取的意見。
- 注意不要過分相信自己的背景推測，以免延誤真正問題的解決。
- 要集中介紹相關資訊，以免接收者偏離軌道。

◆策略2：誠實直率，吸引對方的注意力

老周是一位主導SP型人，如果事先沒有考慮措辭，他可能會對小朱說：「這些都是我們最重要的客戶，他們感到很不滿意。你應該關心他們的感受，快點打電話給他們。」老周所說的內容也許

都是真的，但是如果再斟酌一下措辭，效果肯定會更好。老周在提出建議之前，最好仔細聆聽和考慮一下小朱的看法。

儘管絕大多數SP型人通常並不畏懼說出自己的想法，但他們有時不喜歡傳遞預先擬定好的回饋訊息。事實上，很多SP型人會長時間苦於以何種方式講述重要事情，他們也會反覆考慮，確認自己的話能夠吸引對方的注意力。

在傳達一些負面的評價之前，SP型人也會進行預先準備，因為他們深知自己的誠實、直率、反應迅速會使對方感覺受到威脅。

如果採取上述方式，一些在對話中沒有流露出的情緒可能通過相互之間的緊張對立表現出來。**在具有挑戰性的環境中，SP型人顯得非常緊張，會下意識地進一步靠近談話對象。這種身體距離的過分貼近，會使接收負面訊息的一方備感威脅**。即使SP型人努力控制自己不要靠得太近，或儘量保持低調，其他人仍然能夠感受到他們所散發的權威式能量和驅使力。

在努力保持正直和誠實的時候，SP型人可能會忘記向溝通對象積極表示尊重，即使他們真的很尊敬對方。在有些情況下，SP型人可能並不尊敬對方，他們崇尚強者、瞧不起軟弱的人，認為尊敬是要靠自己贏得的，而不是別人給予的。**在傳達回饋意見時，SP型人應該表現出一定程度的尊重，即使不喜歡對方也要如此，這是回饋成敗的關鍵**。比如，SP型人可以通過溫和的眼神接觸、微笑或者一些支持性的評價表示尊重。

老周可以用這樣的方式向小朱傳達自己的意見：「我們知道你可以解決這個問題，因為你一向很有能力！我們信任你。」

儘管有事發生時，SP型人總是喜歡正面解決問題，但要記住，回饋的接收者可能更喜歡按照自己的時間規劃和方式處理問題。

★回饋建議

- 保持自己關注問題核心的能力，但要採取容易被接收的方式表達。
- 事先考慮一下措辭，思考如何組織語言。
- 可以擁有自己的觀點，但要學會傾聽，最好先聽取一下對方的意見。
- 繼續保持自己對整個工作的控制能力，但不要表現得過於緊張，否則會讓對方不堪重負。
- 微笑、開一些輕鬆的玩笑以及耐心地等待對方的反應，對交流效果都有幫助。
- 保持自己的真實，但也可以表現得更積極一些。

◆策略3：根據對方的反應調整回饋的節奏

小楊是一家通訊設備集團W事業部的產品經理，這段時間，小楊負責的產品線屢次出現品質問題，收到了三家大客戶的投訴。客戶抱怨：「楊經理在與我們見面時總是草草結束，太過匆忙，而且沒有認真聽取我們對產品的回饋意見和建議。」公司品管部指派品管經理小鄭向小楊進行溝通，指出小楊工作中的失誤，並幫助他改進。小鄭是一位勸說NF型人。在和小楊的交流中，小鄭的回饋方式和表達不會過於苛刻，但卻過分積極，使得這次談話在失敗中結束。

貢獻NF型人除了不被領情或者覺得有義務保護某人的情況之外，總是不願意傷害回饋訊息接收者的感情。在這種情況下，NF型人可能會從以下三個選項中擇一為之：

選擇一：對負面的回饋意見進行加工和處理，讓對方聽起來沒有那麼要緊張：「客戶的確是這樣說了，但他們並沒有特別感到氣憤。」

選擇二：把回饋意見搪塞過去，這樣就可以不動聲色地寬恕對方的行為：「客戶是這麼說了沒錯，但我知道你有多忙，而且你和客戶的關係向來也非常好。」

選擇三：避免傳遞任何負面訊息：「我和三個客戶都談過了，你和他們保持聯繫了嗎？聽取他們對產品改進的建議了嗎？你和他們的關係如何？」

NF型人會根據對方的反應調整自己的回饋方式，因此在上述案例中，小鄭可能會密切觀察小楊的非語言行為，然後憑藉自己特有的直覺，獲知對方的反應。NF型人通常會不知不覺地觀察對方的行為、臉部表情、說話語氣以及其他肢體語言，再根據不同情況調整自己的回饋方式。如果小楊聽到回饋意見後開始動怒，小鄭會感同身受，採取換位思考的方式，好像小楊在跟自己生氣一樣。這時，小鄭可能還會開始自責，覺得自己的交流方式不合適。

如果NF型人對回饋意見的接收者存有一些不便說明的看法，有時也會發表自己的評論。這時，NF型人不僅會開始挑剔，還會推斷出一些或正確或錯誤的結論。

小鄭從小楊的行為中可以得出以下結論：對方不關心產品品質，對客戶意見不夠重視，對公司聲譽置之不理。在這種情況下，小鄭可能會說：「公司認為你根本不關心產品品質，你的客戶認為你忽視了他們的意見，我覺得你應該認真考慮一下。」

有些時候，我們會對談話另一方的表現予以假設，而NF型人尤其如此，這是因為他們自認為非常善於觀察對方的內心。但**不管NF型人的感覺如何敏銳，他們在傳達回饋意見時，還是傾向於就事論事，而不願意披露自己的觀點和見解**。

★回饋建議

NF型人要記住：**儘管你們非常願意和別人一起分享自己的見解，但要注意回饋意見的接收者也許並不需要你的說明，他們都有自己的想法**。

- 保留自己對別人的正面認識，但也要在適當的時候發表自己的反面意見。
- 需要注意別人的感受，但不能因為害怕傷害對方就把事情講得模糊不清。
- 需要關注對方的反應，但不要跟著對方的情緒走，一會兒高興，一會兒失落，要保持情緒的穩定，才能接收到對方的真實反應。
- 要保持自己敏銳的感覺，但需要注意的是，自己的見解並不總是正確的，尤其在自己生氣的時候。

◆策略4：直接犀利，直擊要害

如果小鄭是一位實幹NF型人，他可能會對小楊說：「有三家客戶打來電話，表示和你的會面他們都感到很不高興，你需要儘快給他們回電。你會這樣做吧？」

實幹NF型人根本不願意給予回饋意見。他們認為如果回饋意見中總是包含負評，很有可能引起對方的不愉快，影響目標和工作的完成。而NF型人基本上不知道如何處理別人的悲傷、憤怒或者恐懼之類的情緒。如果別人將這些不愉快的感受直接發洩在自己身上，NF型人會更加對回饋感到反感。**NF型人的精力都集中在工作上，他們會避免引起對方的悲傷情緒，因此在傳達回饋意見時，往往直接切入主題，根本不願意討論對方的感受**。

NF型人傳遞回饋意見的方式非常直接，在接收者看來可能會覺得生硬、冷酷、無情，其實在這些表象之下，NF型人是充滿感情的。只是他們過度關注目標和任務，沒有時間，也沒有意識釋放這些情感。NF型人通常具有講求效率的工作方式，這有助於他們在商業領域取得成功，但卻會妨礙他們有效和策略性的傳遞負面回饋訊息的能力。**如果NF型人設身處地的考慮問題，從工作中跳脫出來，多關注人，他們善於溝通、以人為本的潛能就能被啟動，回饋風格也會變得緩和，而自己的意見同樣可以被對方理解。這是一種雙贏的回饋方式**。

有些時候，和SJ型人一樣，在傳遞負面回饋意見時，NF型人經常犯的錯誤在於準備過多，比如，列舉過多的例子來支持自己的觀點。NF型人的肢體語言不會像SJ型人那樣表現得過於挑剔，但可能會流露出自己的堅持、固執或者不耐煩。NF型人在談話時會不停地舉例，直到對方同意自己的觀點，而對方可能被這種口若懸河、連珠炮式的行為搞得無力招架，感到自己一無是處。因此，NF型人應該記住，少量的精心選擇的例子完全可以使自己的觀點更令人信服。如果NF型人在傳達回饋意見時沒有得到對方的正面回應，他們的言行就會表現出談話到此為止的意思，這往往會使對方感到不被尊重。

★回饋建議

NF型人要記住：**別人也許不像你們那樣幹勁十足，也許並不認為工作是生活的全部，但這並不意味著別人不積極、不努力，不願意完善自我、追求成功。**

- 要集中注意力，但也要考慮別人的感受。
- 有條理、誠實、實幹是成功的保障，但記住要溫柔一些。
- 關注回饋結果，不要把精力花費在列舉大量的例子上，因為那樣會偏離方向。
- 要三思而後行，耐心一些。

◆策略5：創建友好和諧的回饋氛圍

小賀是一家企業資源規劃軟體公司客戶服務中心的專案經理，這段時間，小賀負責的兩個已交付專案屢屢出現問題，收到兩家客戶的投訴。客戶反映：「賀經理在與我們見面時總是草草結束，太過匆忙，而且沒有認真聽取我們對專案的回饋意見和建議。」公司專案管理中心指派專案管理專員小翟與小賀溝通，指出小賀工作中的失誤，並幫助他改進。小翟是一位戰略NT型人。在和小賀的交流中，小翟的回饋方式和表達過於和諧，拖延緩慢，不夠清晰，使得這次談話在失敗中結束。

戰略NT型人總是一再拖延向別人傳遞回饋訊息，如果一定非得要傳達，他們會覺得像是受到了強迫一樣。NT型人通常會努力在雙方之間創建一個友好、和諧的氛圍，因此小翟根本不會向小賀提任何一句客戶對他的負面評價。在見面之前，小翟已經打算告訴小賀客戶都說了些什麼，但是不知為什麼，隨著談話的進行，小翟一直都沒有找到合適的機會傳遞這些負面評價。另外，小翟有可能完全忘了要向小賀提起那些客戶評價。

在傳遞了負面訊息之後，NT型人最常見的反應就是羅列很多觀點。小翟可能會對小賀說：「那兩個客戶是這樣說的，但我想其他客戶肯定不會有同樣的感覺。公司知道你非常忙，而且在那種情況下其他員工的表現也不過如此。」所有這些觀點可能都是正確有用，但是卻有可能讓小賀的認知偏離真實狀況：「看來這只是個別客戶的挑惕，其他客戶對我的表現還是滿意的。」

當NT型人覺得必須說些什麼，尤其是對談話的內容深表同意又覺得不安時，他們往往喜歡長篇大論，這些都是思考太長時間後的副產品。NT型人可能還會在回饋時添加一些他們認為有關聯的內容，比如，「你最近上班不太準時，另外你的財務報告也該準備了，你好像有點不開心」。這次談話的主題是「小賀與客戶談論工作細節時表現得過於倉促」，但在NT型人看來，這些內容和談話主題存在一定的聯繫，而小賀卻可能搞不清究竟哪個事情才是最重要的，或者究竟應該繼續哪個話題。

★回饋建議

戰略NT型人要記住：**和諧友好的氣氛固然重要，但是回饋的接收者可能更想直接解決問題。**

‧保持自己和諧、友善的一面，但是傳遞的訊息要儘量清晰。

‧可以從多個方面考慮問題，但要注意把精力集中在核心問題上。

‧給予回饋時注意一次只針對一個問題，其他相關的問題可以留到下次討論。

◆策略6：精心思考，提前準備

如果小翟是一位探索NT型人，也許他已經計畫好如何向小賀傳達回饋意見，但是他多疑的天性，使得自己隨著見面的臨近而變得焦慮。小翟開始擔心一切是否會順利進行，因為不知選擇何種方式而痛苦不安，或者開始擔憂自己訊息的傳遞能力。

探索NT型人帶有明顯的焦慮情緒和對方會面，這種情緒甚至會傳染給訊息的接收者。小翟的這種不安會傳染給小賀，小賀因為感受到對方的不安，也會越發緊張。

NT型人為了緩和自己的焦慮，往往會精心思考，提前準備，副產品就是列舉一些過分詳細的例子。然而面對這種情形，對方要不是對此感到困惑，不太同意這些例子的細節，要不然就是無法明白回饋意

見的關鍵所在。

另外，由於NT型人喜歡把困難考慮在前面，因此小翟會向小賀強調不去改善客戶關係，所可能帶來的惡果。

> 小翟會說：「如果關係不能修復，這些客戶再也不會使用我們的產品和服務，還可能向競爭對手訴說我們的負面評價。」小賀可能因此感到緊張，但也可能會講出一堆理由反駁，以證明那些負面的結果都是不可能發生的。

NT型人也會採取完全相反的回饋方式。意識到自己過於關注負面結果，NT型人有時會矯枉過正，甚至刪除一些負面訊息。這樣一來，對方可能無法理解整個事情，更談不上採取什麼行動。

NT型人在給予回饋時，見解往往非常深刻。然而，有些逼真的想像也會欺騙我們，那些看法可能是NT型人的焦慮、需要、恐懼、欲望等心理在外部的表現。NT型人有時很難分清對別人的評價和自己內心感受之間的區別。

> 假設小翟對小賀說：「你和客戶會面的時間那麼短，這是因為你根本不關心他們」，或者說：「我覺得你根本不喜歡自己的工作，這也是客戶抱怨的原因所在。」上述評價有可能是正確的，但也有可能只是小翟在不知不覺中，把自己的感受表達出來；或者小翟也不喜歡這個客戶，或者她正在考慮要換個工作。

在傳達回饋意見的時候，最安全的方式就是只針對真實狀況就事論事，避免添加自己的個人解讀，

等解決關鍵問題後，再和對方繼續或解釋相關資訊。

★**回饋建議**

探索NT型人要記住：在傳達回饋意見後，對方自然會採取措施以取得積極的效果，不要認為只有自己才能解決相關問題。

- 事先的計畫是必要的，但在討論之前自己應該保持平靜。
- 細節很重要，但也要關注大局。
- 事先預測結果是有幫助的，但要注意適度，不能只設想到消極的可能性，積極的可能性也是存在的。
- 相信自己的見解，但是不要認為自己所有的想法都正確，最好把它們只當作一種假設，要從對方那裡去尋找和發現真正的答案。

◆策略7：煩瑣詳細，注重完美

小蔡是一家會計師事務所IPO事業部的合夥人兼部門經理，這段時間，小蔡負責的幾個IPO計畫進展不順，甚至連續幾天都收到客戶的投訴。客戶抱怨：「蔡經理在與我們見面時總是草草結束，太過匆忙，顯得很不耐煩，根本沒有認真聽取我們的回饋意見和建議。」事務所客戶關係管理委員會指派客戶關係總監小譚與小蔡溝通，指出小蔡工作中的失誤，並幫助她改進。小譚是一位分析SJ型人。在和小蔡的交流中，小譚的回饋方式和表達過於細緻，最終使這次談話在失敗中結束。

SJ型人作為傳遞回饋意見的一方，他們所犯的錯誤不是談話中提供的訊息太少，而是過於煩瑣和詳細，列舉了過多的證據作為談話的支撐。

小譚一開始就列舉眾多來自不同客戶的意見，就像一個清單，滿滿地列舉了確認相關事實的證據。小蔡聽到的可能是「這個客戶說……」、「那個客戶說……」、「還有一個客戶說……」，或者「所有的回饋意見顯示出一個特點，那就是……」這是因為SJ型人總是精心準備，然後一股腦地傳遞太多訊息，這往往使對方不堪負荷。

SJ型人傾向於指示或建議別人該做些什麼以及不該做些什麼。他們的談話特點是把具體的解決方案和一些特定的詞彙，比如「應該」、「應當」聯結在一起，使對方覺得這不過是另一種形式的批評。

小譚會告訴小蔡：「你真的應該告訴客戶這些資訊，然後你應當……」此時的小蔡已經被客戶的負評團團包圍，這種建議在她聽來只不過是更多的指責罷了。

SJ型人喜歡真誠的交流方式，希望自己傳達的訊息準確無誤，這對達成有效的回饋非常有益。然而，如果SJ型人討厭對方或者對要討論的事情存有負面情緒，那麼不管他們怎樣努力掩飾，他們這種譴責的、不以為然的態度仍然會表現出來。在上面的例子中，小蔡看到的可能就是眉頭緊鎖、來回搖頭以及面部表情嚴厲的小譚。即使SJ型人用詞準確，但也是語氣強烈，因此不管他們如何注意自己的口頭用詞，對方更可能會注意到一些非語言因素。

★回饋建議

SJ型人要記住：**儘管你竭盡全力使自己的行為表現得完美，但並不是每個回饋意見的接收者都希望在你的幫助下也變得完美。**

- 發揮自己凡事力求詳細精確的一面，但需要避免過於關注細節或者對一些小事情吹毛求疵。
- 保持說明別人改善工作方式和工作態度的能力，但要盡力避免使用一些明確的或者暗示性評判詞句。
- 保持誠實、坦率的性格，但在傳遞回饋意見之前，首先要化解自己心中殘存的憤怒和不滿，這樣自己的情緒才不會通過身體語言顯露出來。

◆策略8：簡潔明確，用事實說話

如果小譚是一位協作SJ型人，準備以客觀且基於事實的態度對小蔡提出回饋意見，他打算在談話的時候直接切入主題。小譚想：半個小時足夠說清楚我的觀點了，再舉一個具體例子，給他思考的時間，最後我和小蔡可以再約一個時間討論一下彼此的看法。

小譚考慮好這些後，決定這樣對小蔡說：「小蔡，我的意思不是說你的工作做得不好或者你不具備做這項工作的能力，我只是認為你應該花更多的精力在維護與客戶關係上，哪怕因此減少做準備工作的時間。如果你需要，我可以提供幫助。有幾個客戶抱怨說：『蔡經理在與我們見面時總是草草結束，太過匆忙，顯得很不耐煩，根本沒有認真聽取我們的回饋意見和建議』。不如你想一下這個問題，我們這個星期再找個時間仔細地討論一下，好嗎？」結果，小譚和小蔡之間的談話完全失敗了。

小譚的回饋精確、簡練、合乎邏輯、理性，但沒有給出任何明確的資訊，相反，只是自己的一些印象和觀點，當時也並沒有給小蔡留出足夠的時間進行辯解，這會讓小蔡感到厭煩。而且，小譚舉的那個具體的例子，小蔡也並不贊同，沒有得到她正面的反應。

另外，SJ型人也可能採用完全相反的回饋方式。因為喜歡用事實說話，他們也會在傳遞回饋意見之前過度準備，收集很多資料，提供足夠的訊息。小譚可能會花時間和小蔡討論客戶關係的方方面面，然而這會偏離主題，小蔡可能只聽進去不到十分之一的內容。

小譚所說的一些話暗示小蔡做了一些錯事，比如「抱怨說你的見面總是草草結束」、「你應該花更多的精力在維護與客戶關係上」。但在小蔡看來，「抱怨」隱含著「錯誤」的觀念，「應該」則暗示自己做了一些不正確的事。

小譚認為自己一開始就已經表明：「我的意思不是說……也不是說你沒能力……」這也是一種表

揚，只不過這種拐彎抹角的讚揚，是把積極的內容以否定的方式表達出來。小蔡同樣懷疑小譚表達「我只是認為你應該……」時的誠意，在小蔡看來這就像是一個否定的說明。很多引導詞的使用，比如「只是」、「但是」，其中隱藏的含義就是否定前面所說的內容。

SJ型人往往專注於事實，而且傾向於把事實和情緒分開，所以小譚才建議稍後再找個時間討論。這是因為SJ型人在回應對方意見之前需要時間調整一下自己的感覺。**SJ型人的肢體語言也顯示出他們只願意針對事實，不希望討論感情的內心想法**。一些肢體語言，比如微笑、深呼吸、直接的眼神接觸，都代表著人們樂意與他人進行情感交流。**然而，SJ型人看起來卻面容緊張、呼吸急促，在別人渴望情感交流時把眼睛從對方身上移開，潛在的暗示就是：「告訴你的想法，但是不要告訴我你當時的感受。」**

然而小蔡卻很憤怒，他認為把談話分兩次進行只是小譚單方面的決定，自己不但無法表達當時的感受，反而有被操控的感覺。

★回饋建議

SJ型人要記住：**人們也許並不喜歡明確的、合乎邏輯的回饋方式，而更傾向於完整的想法和感受的相互交流**。

·保持自己的精確性，但是注意不要過分簡練，否則對方可能無法理解你所說的內容。

·繼續認真思考自己的回饋方式，但是注意不要給接收者提供過多的訊息。

·明確自己任務的同時，也要與他人進行情感交流。

2 將回饋技巧發揮到極致

有效溝通是一門有關成功傳遞訊息的藝術。在我們日常生活和職場生活中起著重要作用，人際關係成功與否，在很大程度上取決於良好和健康的溝通。高效的溝通者明白，當自己向對方傳遞想法時，最好的方法並不一定要說很多話。事實上，說得越多，我們的訊息就越晦澀難懂。

◆回饋的意義

我們傳遞的每一組詞語都會伴隨著非語言訊息，這些訊息能夠幫助理解話語的含義。經驗豐富的溝通者非常明白語言和非語言交流的重要性，並表現出如下特徵：

- 他們擅長傾聽，並花時間理解、加工、吸收和分析資訊中的細節。
- 他們會把建立在一些隻字片語上的對話，升級發展為真正的表露，對此樂此不疲。
- 他們意識到採用積極的態度能讓對方感受到尊重、信任和輕鬆，這樣就降低了對話的成本，並使對話積極而富有效率。

沒有坦率的回饋，就沒有真正的方法讓對方知道自己如何有效地完成既定目標或影響他人。一些人願意接受甚至尋找回饋，而另一些人卻把它看作是批評。那些傾向不接收回饋的人總是消極地應對訊息，他們將自己封閉起來，逐漸變成不活躍的傾聽者。

回饋風格

積極正面	消極被動
建設性的評論	侵犯性的評論
建立信任	造成誤解
鼓勵改變	缺乏焦點
促進理解	不友善的語氣
尊重個體性	破壞關係

圖十八　回饋風格的比較

那些積極、開放和真誠接收回饋的人會真心傾聽別人的話語，他們對尋找對話機會，對獲取他人的觀念，對理解他人的訊息尤其感到興趣。

一般來說，有兩種給出回饋的方式：（圖十八）

- 被動和效率低下的方式，帶有強烈的侵犯性，總是放大對方的缺點。回饋一般空洞模糊、毫無焦點、不友好、不平等、沒有信任、缺乏尊重。用一種評判和斥責的語氣來傳遞訊息。這種回饋往往會形成資訊偏差，加深彼此的誤解，使回饋失敗，甚至會影響日後關係的發展。
- 積極而內涵豐富的回饋，這種回饋方式提供了有價值以及有建設性的評論，能夠令接收者做出改變。雙

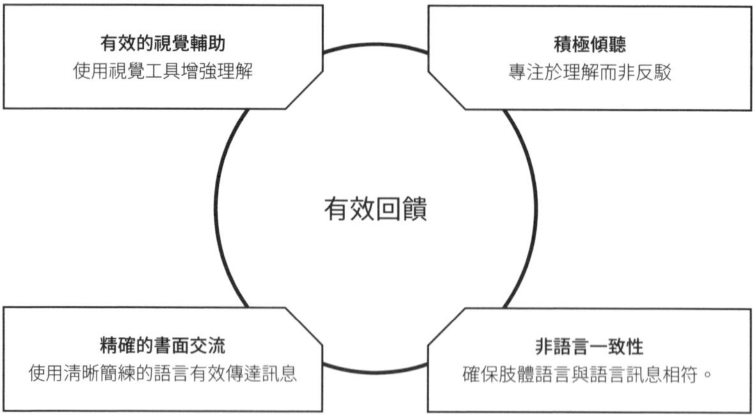
有效的視覺輔助
使用視覺工具增強理解
積極傾聽
專注於理解而非反駁
有效回饋
精確的書面交流
使用清晰簡練的語言有效傳達訊息
非語言一致性
確保肢體語言與語言訊息相符。

圖十九　成爲有效的回饋者需要留心的資訊來源

方能在信任、理解、換位思考、相互尊重的輕鬆氣氛中展開對話。那些提出建設性意見的人，是善於真正地做到與他人溝通或是幫助他人的人。

◆將回饋技能發揮到極致

要想表達自己的觀點，使回饋富有成效，就要有同理心，設身處地的換位思考，要真心地嘗試傾聽和理解他人之言。做一個積極的傾聽者，然後給予對方有品質的回饋。需要在開口前進行思考，遣詞用句不僅要表達自己的觀點，也要從對方的角度考慮問題。要成為富有成效的回饋者，需要留心以下四種資訊來源：（圖十九）

- 留心傾聽對方真正想要表達的訊息，而不是只關注自己的觀點，降低彼此對話的阻力，提升回饋的品質。

- 確定自己的非語言交際，比如手勢、儀態、姿勢、臉部表情以及眼神交流，與自己的語言訊息是相匹配的。
- 良好和高效的書面交流要確保「言簡意賅」的準則，直擊問題的核心和關鍵。語言精確，語法正確、清晰與簡練，可以確保重要資訊不被遮蔽，得以順暢傳遞給對方，尤其是通過表列的方式交換意見的時候。
- 有效的視覺溝通可以促進訊息傳遞和接收的效率，比如使用照片、符號、標示等，這些視覺訊息不會令語言或文字溝通出現混淆狀況，還可以使回饋具有可見性，更為直觀。

◆回饋的一些技巧

下面的一些回饋技巧適用於每個人。不管是預先規劃如何回饋，還是真正開始傳達相關訊息，這些技巧都非常實用。

在開始講話前最好考慮一下所要講的內容：

- 回饋應該針對人們可以有所改變的領域。
- 確保自己給予回饋的目的是說明他人，而不是嘲弄、譏諷，甚至是傷害對方或者強迫對方改變。
- 注意自己在交流時流露出的非語言訊息。
- 私下傳遞回饋訊息。

- 表達要直接，但同時應當對他人保持尊重。
- 確定對方目前的情緒狀態可以聽得進你說的內容。
- 回饋訊息除了負面意見之外，還應該要包含正面的內容。
- 不要試圖用自己的想法去解讀對方的行為，這很危險。
- 確保對話是雙向進行的。
- 如果條件許可，可事先和他人預演一下如何給予回饋，一方面可以練習，另一方面可以得到一些建議。
- 記住最重要的一點：沒有人可以改變別人，只有自己才能改變自己。

還有三點我們必須牢記：

- 不要因為自己性格類型的一些傾向性特點，影響了自己傳遞回饋訊息的能力。
- 學習「ＭＢＴＩ」知識，根據對方的性格類型適時調整自己給予回饋的方式，直到ＭＢＴＩ成為自己得心應手的一個工具。
- 我們要記住，只有當言語的發送者與接收者理解相同的訊息時，雙方才能形成「共振」，回饋才會卓有成效。

第八章　如何控制衝動的情緒

每次感到憤怒都是一個早期的警訊，預示著這段關係中未來可能發生的危機。如果在建立關係的早期沒有彼此交流，理解雙方在未來期望方面的差異，那麼心中不斷積累的怒火，終將不可避免地爆發。因此，我們應該儘早交流，這樣當對方情緒產生不滿時，我們就能選擇和控制自己的言行舉止。

在社會中，人際衝突是給人帶來巨大壓力的因素之一。人們之間所以會產生衝突，原因複雜多樣，資源、戰略、決策、目標、績效、薪酬、文化、權力、領導方式、溝通方式、工作習慣、相互接納、個性等都可以引發衝突。如果不能有效解決衝突，不但會傷害個體，還會影響團體的良性發展。尤其在以生產和利潤為主導的企業，衝突給個人和企業帶來的影響更加巨大。

1　如影隨形的憤怒觸發開關

儘管絕大多數人都不喜歡衝突，但是衝突卻是一種客觀存在，仍然是我們生活的一部分，當然也是企業生活的一部分。我們可以逃避衝突，也可以正面迎擊衝突，但最好的選擇是預防衝突，或者在衝突發生時，採取措施控制衝突的蔓延，以及無論採取什麼辦法積極有效地解決衝突。ＭＢＴＩ「情緒管

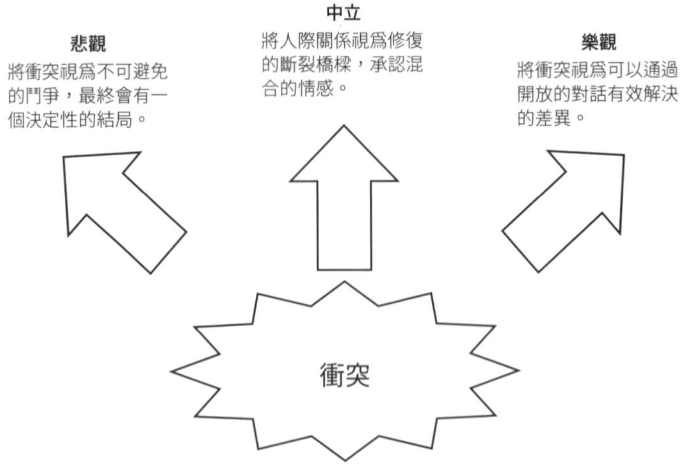
中立
將人際關係視爲修復的斷裂橋樑，承認混合的情感。
悲觀
將衝突視爲不可避免的鬥爭，最終會有一個決定性的結局。
樂觀
將衝突視爲可以通過開放的對話有效解決的差異。
衝突

圖二十　衝突發生時的選擇

理」的內容就是針對每種性格類型介紹上述三個方面的知識和技巧。

◆我們應對衝突的方式

當衝突發生時，我們通常會有三種選擇：悲觀的、中立的和樂觀的。（圖二十）

悲觀的選擇：將衝突看作一場爭鬥，最終一定要分出勝負。在我們的心中，衝突雖然是狂暴的、不可預料的、強烈的，但終有結束的時候。

中立的選擇：將人際關係看成一座不相連的橋樑，暗示著衝突起因於相互關係的突然斷裂或嚴重破壞，但通過努力可以得到一定程度的修復。當然也有人會同時選擇悲觀和樂觀的信念，這意味著我們將衝突看作情緒的混合體驗，包含困難的同時也有積極的可能性。

樂觀的選擇：將人際關係看成兩個握手的人，說明只要雙方敞開心扉討論各自的差異，就能有效解決衝突。選擇樂觀信念的人，還會將人際關係比喻為明亮的太陽，這代表著我們已經從衝突的壓力中看到了一些希望。

在現實中，尤其是在各種組織中，絕大多數人都會作出悲觀的選擇，將衝突看成一場拳擊比賽或暴風雨。原因有兩個：**第一，衝突往往會誘發強烈的情緒，比如憤怒、恐懼、悲傷等，在絕大多數人眼中，這些情緒都是悲觀的，需要盡力避免；第二，很少有人知道如何有效地處理各自之間的差異，從各自的性格差異方面看待和解決衝突。因此，關於衝突的現實體驗往往都是負面的。**

◆憤怒觸發開關

人們在一起共處，某些情況總是會激怒我們，比如撒謊、欺騙、輕視、挖苦和競爭等，這時，人們在這些情況下的反應會呈現出巨大的差異，原因就是各自的性格特徵截然不同。每種性格類型都有自己特定的「憤怒觸發開關」，即處於某種情境下，必然會使某一性格類型感到憤怒，但對另一種類型卻毫無作用。

通過對ＭＢＴＩ「情緒管理」的學習，我們為讀者描述並解釋了每種類型所特有的衝突場景，這可以幫助陷入「衝突困惑」的員工回答一個最常被問到的問題：在看到同事生氣的時候，很多人都會疑惑：「感覺這個事情沒什麼呀，為什麼對方這麼憤怒？」

另外，無論導致人們生氣的原因究竟是一樣的，還是包含了各自特定性格類型的「憤怒觸發開關」，具有同一類型性格的人們在憤怒時的行為表現都是類似的。

企業是一個小型的人類社會，員工們在一起工作，難免會發生一些小分歧，一個員工的行為可能會違背另一個員工的預想，由於事前人們並不會一起討論什麼才是自己預想的行為，所以衝突引發者根本不可能認知到自己的行為是令人憤怒的。當這些令人不快的行為發生時，被冒犯的一方感覺到同事觸動了自己的「憤怒觸發開關」，或者說自己被「觸怒」了。「觸怒」這個詞原本的含義是指胃部纏繞似的疼痛，或者頭部的撞擊、身體的劇痛；這裡的「觸怒」是指伴隨著憤怒、受傷、不安、沮喪或者恐懼的感受，內心發出的「你不應該這樣對我」的聲音。

當員工在工作中被觸怒時，絕大多數員工都不會直接向同事抱怨什麼。他們或者希望同事的行為只不過是一次無意識的冒犯；或者認為直接說出自己的不開心只能使情況變得更糟；或者擔心直言不諱可能釀成衝突，也可能會傷害同事，又或者兩者都可能發生。這時，心中的不快開始不斷積累和惡化，最終一定會演變為一場衝突，或者一次傷害雙方，影響工作的危機。

在衝突爆發時，雙方的情緒會更加激昂，負面的感覺接二連三地湧現：敏感、懷疑、委屈、不安、嫉妒、暴怒等，對積怨討個說法、一定要分出對錯的危險情緒，更是呈幾何級數地上升。這種情況下往往會出現如下結果：或者雙方發生爭吵，或者一方躲避另一方，或者兩種情況同時發生。一般情況下，一個人被觸怒三次後積累的不滿才會爆發，有時僅僅兩次，甚至一次後憤怒就表現出來了，我們會在稍後詳細介紹。

其實，衝突的積累和爆發為雙方提供了一個絕佳的自我發展的機會。事實上，**從開始被激怒到最終爆發衝突的過程，不但可以反映我們所處的環境以及衝突雙方的工作特點，而且會更多地暴露出我們的個性。**

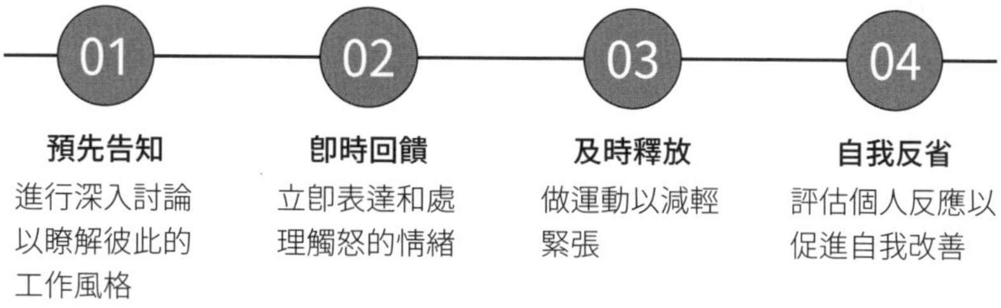
01
預先告知
進行深入討論以瞭解彼此的工作風格
02
即時回饋
立即表達和處理觸怒的情緒
03
及時釋放
做運動以減輕緊張
04
自我反省
評估個人反應以促進自我改善

圖二十一　管理情緒的四種方法

2 如何管理自己的情緒

在工作中，我們可以利用衝突的積累和爆發過程來開啟自我發展的大門，控制自己的情緒，提升情緒管理能力，具體包括以下四種方法。（圖二十一）

◎預先告知：在雙方的工作或合作關係確立後，雙方應該先停一停，找個時間深入溝通一次，具體談談彼此之間形成的關係，以及各自的工作風格，同時雙方也可以強調一下哪些行為可能會觸怒對方。

◎即時回饋：在合作關係開始後，如果意識到自己被對方觸怒時，千萬不要逃避，應該立刻告訴對方自己的感受。要注意，在向對方回饋時，不要帶太多的個人情緒；不能讓怒火無限制地積累，然後向對方攤牌。在本書「回饋方式」部分中，「積極回饋法」可以幫助讀者傳遞相關的回饋意見，包括什麼行為觸怒了自己，這種行為造成的影響，以及自己認為合適的行為等。另外，在「回饋方式」部分中，給予回饋時如何控制自己的性格類型，以及如何向不同性格類型的人傳遞回饋訊息，這些技巧在回饋觸怒訊息時也很有用處。

◎及時釋放：對觸怒者來說，當意識到自己的行為已經顯露出憤怒的情緒時，可以進行一些身體上的鍛鍊，比如健身、游泳、跑步和旅遊等，以釋放不良情緒。因為，當我們感到憤怒時，往往會變得緊張、肌肉緊繃，還可能出現胃部、肝部的不適反應，這些都是情緒變化造成的生理反射。進行一些身體上的活動，可以打破這些不良的生理迴圈，從一個新的、更有建設性的視角重新看待那些觸怒自己的行為。

◎自我反省：對被觸怒者來說，當我們在工作中被觸怒的時候，可以試著問自己以下問題：「我對所處環境或者對方行為的反應，是否說明了自己在性格上面存在一些問題？」「自己需要在哪些方面做出改善？」「如何處理自己的情緒才能塑造最佳的自我？」

毫無疑問，自我反省是理解和處理自己憤怒情緒的有效方法，只要我們保持一種寬和的心態，捫心自問：「對這件事，我剛剛的反應是否太過強烈、消極？我的工作方式是否出了問題？面對這次不快的體驗，我如何才能表現出客觀的態度？」這些反省包括我們內心對事情的解讀、我們在工作中特有的情緒回應，以及我們當時的行為。

通過案例，我們會在ＭＢＴＩ「情緒管理」部分介紹四種類型的人在工作中如何顯著地改善自己應對衝突的能力，以避免絕大多數人與人之間衝突的進一步惡化；還會介紹如何根據對方的性格特徵調整自己應對衝突的心態；最後介紹一些解決衝突的方法。

◆策略1：掌握時間，快速解決衝突

小昭和小張是一家顧問公司的合夥人，同屬公司能源業諮詢部，小昭恰恰是一位傾向掌控、支配、主導的SP型人。兩人雖然是同事，然而她們之間的不和已經持續很長時間了。儘管兩人從未一起討論過彼此之間的對立和衝突，但都根據自己的看法對其他同事講述這件事情的不同版本。她們之間的積怨是如何形成的呢？這還要從五年前說起。

五年前，小昭已經是這家顧問公司的合夥人了，小張也來應聘合夥人的職位。在初次面試後，公司對小張的印象很好，希望進一步溝通，企業管理委員會將這個任務交給了小昭。有一天，小張的秘書告訴她，小昭認識公司的一位合夥人Q，為了瞭解小張的業績，便私下打電話給合夥人Q。

在顧問領域，洩露一位員工，尤其是掌握客戶資源的合夥人，正在應聘新工作的消息，屬於違反職業道德的行為。因為這樣做，原公司由於害怕要離職的員工把公司的客戶帶走，往往不會再分給他們新的客戶。而且一旦應聘不成，繼續留在原公司，很有可能受到排擠。

在複試的那一天，小張所在公司的每個人都知道了這個消息，這簡直讓小張怒不可遏。小張立刻告知應聘公司，要求公司把自己從候選名單中除去，並清楚地說明了事情的原委。

在這個案例中，我們要重點講述和分析小昭對這件事情的反應，看看對抗性SP型人的衝突模式。事實上，小昭對整個事件的發生非常生氣。五年過去了，因為一次重大的併購活動，小昭和小張同時成了新顧問集團的高級合夥人。

☆容易觸怒小昭的場景

在其他同事看來，很容易得出小昭生氣的結論：小昭之所以生氣，是因為那通秘密電話成了盡人皆知的消息。然而，根據小昭的說法，她根本就沒有打過那通電話。如果把小昭的說法也考慮進去，似乎小昭的憤怒來自於遭人誤解，因為一些莫須有的違反職業道德行為而遭人譴責，嚴重影響了小昭在公司，甚至顧問行業的可信度。事實上，讓小昭在意的不僅是這個錯誤的指控，還有一些其他因素也讓他感到不快。

事後，小昭的幾個同事告訴她，這通子虛烏有的電話是從公司一些愛搬弄是非的人那裡傳出來的。當初小張打電話給公司要求取消複試，但是公司卻從來沒有和小昭談起過這件事。自從小張進入公司，也從來沒有在小昭面前表達自己的憤怒或者譴責她的行為。所有這一切訊息，都是另外一個高級合夥人H告訴小昭的。在她們的交談中，合夥人H批評了小昭的所有行為。這些不同版本的訊息讓小昭怒火中燒，她惱怒公司竟然沒有一個管理人員有勇氣直接面對她核實相關的情況，反而只聽信一面之詞，任由流言蜚語在公司內四處傳播。

小昭也厭惡那些不敢為自己的言行承擔責任的人。她知道一定有人向小張的公司洩密，但這個人絕對不是自己。小昭不停地思索，那個洩密的人是不是從別人的管道得到了相關訊息，卻將這件事嫁禍到自己頭上？他針對的是我，還是小張？是不是小張自己不小心告訴了別人，自己正在應聘的消息，卻把這一切賴到我頭上來？以小昭角度來看，那個真正的洩密者正躲在暗處，高興地看著自己背黑鍋的樣子！

小昭還覺得自己是在沒有任何防備的情況下遭到中傷。公司絕大多數合夥人都在幾天前就知曉了整個事情，卻沒有人告訴自己一聲。小昭被這種無聊的「辦公室政治」深深地傷害了，這些同事可能知道事情的真相，他們要不是選擇對公司保持忠誠，要不就是擔心受到公司的責難，卻沒有一個人考慮與自己共事的情誼。

SP型人雖然很堅強，但也厭惡突然的驚嚇，他們喜歡一切情況都自己掌控之中，極度依賴那些自己一直都很信賴的朋友。但是現在，小昭深刻體會到了自己的脆弱和孤立無援。

另外，SP型人非常關注自己的形象和在行業中的地位，但是現在，小昭一想到事實永遠得不到澄清，自己得一直要背負這個罵名，簡直要抓狂。因為這個事件的主角分屬兩家不同的公司，徹底解決問題的可能性幾乎十分渺茫。小昭一想到自己所受的誤解可能永遠得不到昭雪，她的憤怒和痛苦就越來越強烈。

☆小昭被觸怒後的反應

SP型人被激怒後，往往會本能地快速作出反應。他們身體上的負面感受絕不僅僅是胃部的陣痛或不適，而是發自內心的憤懣，好像澎湃的怒火從腹部升騰，不斷燃燒和加強，最終一定會通過語言、行為或兩者併用爆發出來。

NOTES：

容易觸怒主導 SP 型人的場景

- 不講道義。
- 不直接處理問題。
- 對方不為自己的行為負責，毫無做人的底線。
- 沒有防備地遭人中傷。
- 對 SP 型人缺乏事實的評價。

在剛剛瞭解到同事對自己的誤解時，小昭非常驚愕，而隨後的指責簡直讓她目瞪口呆，不知所措。在分析和整理出事件的發展經過後，小昭的怒火開始上升。

小昭原本想去老闆的辦公室，和他談談這些錯誤的指責給自己帶來的感受。然而在即將踏入辦公室的前一刻，另外一位高級合夥人H卻走進了小昭的辦公室。他不是來調查事情真相的，而是來批評、譴責小昭的行為的。面對這一切，小昭似乎明白了，為什麼在事件發生的第一時間，老闆和同事都沒有告知自己，原因再清楚不過了，因為在他們心中已經認定自己犯了嚴重錯誤。小昭感覺自己像被放在一個令人窒息的盒子裡，舉目望去沒有任何補救的路徑。

在一個充滿壓力和窒息的環境裡，絕大多數人都喜歡掌握主動權，能控制事態的發展，保護自己免遭負面環境的傷害。而對SP型人來說，控制整個形勢是他們性格特徵的基本要求。小昭心煩意亂，她認為自己失去了主動權，不能控制事態的發展，自己成了被人愚弄、嘲笑和指責的對象，瞬間變得脆弱和無助。

SP型人通常都會避免在別人面前表現自己的軟弱，尤其在面對壓力時。這時，他們往往會選擇退避：減少和同事的交流；全心投入到工作之中；關上辦公室的門，找個理由離開辦公室等。小昭的行為表現便是如此。

小昭和公司裡極少數自己信任的同事講述了自己的憤怒、懷疑、不安和焦慮。在這些對話中，小昭訴說整個事件發生的經過，表達了自己所受的傷害和痛苦，並希望得幫助和建議。在一般情況下，SP型人對自己很有信心，只聽取自己的意見，但在不確定相關情況或想不出可行方案時，他們也會從自己信任和尊重的人那裡去尋求解答。小昭信賴的那些朋友都盡力為她提供幫助和給予她意見，然而他們也十分困惑，不知道哪些方法對小昭來說是切實可行的。

小昭當然不再信任或尊重自己的老闆、那個指責自己的高級合夥人H、小張以及公司裡其他競爭對手。小昭知道，自己再也不可能繼續相信他們，事實上，在和他人討論這件事情時，小昭就暗下決心：「自己再也不理會這些人了。」

☆如何緩解與小昭的衝突？

SP型人在非常憤怒的情況下，即使已經竭盡全力壓抑自己的情緒，怒火仍然可能在不經意間毫無徵兆地爆發出來。

小昭生氣的對象，包括自己的老闆、那個指責自己的高級合夥人H、小張以及公司中其他競爭對手，在這個事件發生後都沒有試圖與小昭正面交流。然而，即使他們與小昭溝通，也可能得不到小昭任何積極、肯定的回應。

由於小昭不願主動和他們進行面對面的交流，因此他們只能不經預約直接走進小昭的辦公室。這時，小昭可能作出如下幾種反應：冷淡沉默，要求對方立刻離開自己的辦公室，或者坦誠地爆發出心中的怒火。如果公司那些既不是朋友也不是對手的同事在這個時候接近小昭，很難預料她會作

NOTES：

主導 SP 型人被觸怒後的反應

- 澎湃的怒火驅使他必須採取行動。
- 迅速地分類和整理相關訊息與感受。
- 如果可能，儘量避免脆弱或者失控的情緒。
- 全面退避。
- 從自己信任和尊重的人那裡獲取支持和建議。
- 不理會那些自己蔑視和不被尊重的人。

何反應。小昭可能會表現得非常冷淡和退避，但在極度煩躁和沮喪的情況下，她也有可能把這些同事當作表達不滿的傳聲筒，通過他們發洩和傳遞自己的感受。然而，整個公司除了小昭那幾個寥寥無幾的親密朋友，大概也沒有誰會主動接近小昭。事實上，那些同事都在躲避小昭，深怕引起一些負評，被主管誤認為他們在搞小團體。

小昭的老闆以及那位高級合夥人H都錯失了一次可以避免衝突升級的好機會，作為公司的高級主管，他們本該在事情發生後的第一時間和小昭開誠布公地交流，告訴她自己聽到的情況，然後以豁達和客觀的態度聽取小昭這方面的解釋。

在試圖與SP型人對話的時候，應該遵循四個基本原則：直率、誠實、認真聆聽SP型人的感受、不要表現出軟弱或者不確定。SP型人通常都非常誠實、直率，他們希望別人也和自己一樣。

掌握了這些原則，老闆和其他同事在聽取小昭所講的事情版本後，可以直截了當地發表評論、提出問題，比如說：「你現在肯定非常生氣，我能理解你的感受。現在我們可以坐下來討論這件事嗎？」

如果小昭想要繼續討論這個問題，對方一定要抓住機會，認真對待這次談話，全神貫注地與小昭展開交流，同時在回應時也要做到開誠布公，誠摯和熱情。SP型人在被壓力環繞的時候，會比平常更敏感於談話者的坦白和誠實。在這個時候，他們身上像裝了一部感應器，可以本能地、準確無誤地感應到對方的回應是否真的誠實和坦白。

如果小昭在談話中詢問：「你覺得我會做這樣的事嗎？」為了使溝通繼續，對方必須完全忠實於自己的內心回答這個問題，哪怕自己的答案是「是的」或者「我不知道」。儘管上面這兩種答案都可能惹惱小昭，但最起碼她會尊重對方的坦白和誠實。

一旦SP型人開始自由表達心中的感受和不滿時，最好不要打斷他們，應該讓SP型人完全發洩出心中的不滿和憤怒。這樣做不但能讓SP型人感覺舒服一點，逐漸收起防禦機制，還能讓他們變得有包容心，能夠聽取對方的解釋，考慮別人的觀點，使談話繼續下去，從而讓SP型人決定下一步行動計畫。

那個指責小昭的合夥人H在和她交流時，就沒有表現出豁達的心胸，先入為主，一開始便戴著有色眼鏡看待這件事件；而小昭的老闆甚至根本沒有和她討論這件事，儘管小昭不知道為什麼。他們兩人之所以會這樣做，是因為畏懼小昭平時表現出來的強勢的性格，主觀地認為小昭的第一反應一定是大發雷霆。如果小昭真的在談話中威脅對方，這種交流就會變成一場不愉快的衝突。

要記住，**在試圖接近SP型人時，很重要的一點就是不要表現出軟弱和不確定性**。如果對方很容易被嚇到、缺乏勇氣或者表現脆弱，SP型人往往會用更加嘲弄的態度對待這些人。

儘管很多人都認為SP型人非常享受衝突過程帶來的感覺，但事實上，他們只不過是喜歡發掘事情的真相。雖然雙方之間真正的對決會讓SP型人激動不已，發洩出壓抑的怒火也會讓SP型人輕鬆不少，然而一旦完全表達了自己的憤怒，還原了事情的真相，事後SP型人內心也會產生一種愧疚和深深的歉意。

當衝突直接指向SP型人時，尤其是在他們被錯誤地譴責、缺乏控制權或者感覺脆弱的時候，情況又會完全不同。這時，SP型人發現自己很難表達出自己的看法和感受。

小昭當時就是這樣，她需要公司和同事的支持和理解，尤其是自己的老闆和公司的高級主管。

如果他們能夠聽取小昭的辯解，完全可以提議召開一次溝通會議，邀請事件的各方參加，與小昭一起梳理、分析和還原事情的真相。當然，如果這時小張已經成為公司的合夥人，也應該參加，這樣可以將誤解和不滿消滅在萌芽狀態，徹底化解這次衝突危機。

即使這次事件的各方當事人不可能一起參加這個會議，小昭也會覺得舒服很多，起碼還有人留有勇氣和正義感，願意揭開事情的真相。這樣，小昭也找到了一條掙脫絕望和跳出窒息的路徑。因為，事情已經被拿到明處解決，衝突的各方有面對面解釋的機會，事情的真相有被還原的可能，或許有人會站出來承認自己所做的一切。小昭看到了希望，因為這是SP型人最期待的事情。

NOTES：

如何緩解與主導 SP 型人的衝突

- 直爽。
- 誠實。
- 傾聽 SP 型人強烈的內心感受。
- 不要表現出軟弱或者不確定。
- 不要使用那些可能會讓 SP 型人誤認為是批評和指責的詞語。
- 與 SP 型人一起挖掘事情的真相。
- 給 SP 型人在公開場合表達感受的機會。
- 讓 SP 型人看到還原事情真相的希望。

☆主導SP型人如何管理自己的情緒

◎預先告知：

在雙方的工作或合作關係確立後，強調一下哪些行為可能會觸怒自己。一旦SP型人瞭解討論這個話題所能帶來的好處，他們就會願意以一種自然、真誠的態度和對方交流。SP型人可能會說：「讓我們談一下在合作過程中有哪些行為會讓我們感到困擾？」或者說：「在合作中，總有一些事情讓我們感到困惱，我先談談這方面的情況。」

SP型人在介紹哪些行為可能會觸怒自己時，應該注意下面的問題：**很多SP型人厭惡的行為都包含有道德方面的原因，不公平、不坦白、不誠實，或者不願意承擔責任等**。在合作關係剛剛確立的時候分享這些事情，SP型人最好列舉一些具體的例子，而不要只是泛泛地談論道德觀或者價值觀的問題。因為對方或許認可你的價值觀，但是每個人對同一個價值觀可能會有完全不同的理解。因此，**SP型人在和對方討論一些可能困擾自己的行為時，一定要花時間進行具體說明，讓彼此之間的交流達到一定的深度**。

◎即時回饋：

SP型人一定要記住提醒自己在憤怒剛剛發生時即時回饋，及時解決，不要以為事情很小，就放任不管。事實上，所有的憤怒都不是小事情，分享彼此的感受不僅可以讓雙方學會如何進行有效的溝通，同時還能增加未來雙方抵抗衝突的能力，防止衝突的升級和擴大。隨著溝通和回饋技巧的純熟，對話過程會更加清晰和有效，雙方也都願意為最終積極的合作付出努力。

另外，SP型人一定不能讓自己的不滿繼續積累。一般狀況下，SP型人在表達自己積累的憤怒時都會給對方帶來巨大的壓力，如果這些憤怒再與SP型人身上具有的威嚴、強硬和控制欲相結合，那麼帶給對方的壓力就會倍增。

◎及時釋放：

運動可以有效減輕SP型人心中壓抑的不斷增強的憤怒感。爬山、慢跑等有氧運動不僅可以幫助SP型人保持旺盛的精力，同時也給他們過多的能量提供一個宣洩的途徑。另外，SP型人在生氣時，往往會變得無精打采，而運動可以給他們充電，讓SP型人重新動起來。

◎自我反省：

很多SP型人都希望加深對自身的理解，因此長時間的認真思索和反思可以給他們帶來很多有用的訊息。「我對所處環境或者同事行為的反應，是否說明自身存在的一些問題？自己在哪些方面需要改善？如何處理自己的情緒才能塑造最佳的自我？」**對這些問題的思考和反省能讓SP型人注意到自己最令人憂慮的特徵：深層的、通常是刻意隱藏的易受攻擊的、脆弱的個性**。

另外，SP型人還需要考慮一個重要問題：為什麼別人總是畏懼自己？很多SP型人都不明白自己根本沒有表現出威脅的態度，最起碼沒有有意表現過，為什麼對方還像是受到了恐嚇？面對這種情況，SP型人首先應該和一些自己尊敬的人談一下，詢問他們：「我曾經以什麼方式讓你覺得受到恐嚇了嗎？」答案往往會讓SP型人大吃一驚，但卻很有啟發。然後，捫心自問，反思自己的行為：「我曾經有意試圖威脅過某人嗎？在工作中，我是否為了堅持己見而粗暴地駁斥過同事的意見嗎？在同事還沒有說完的情況下，我有不耐煩地打斷他們，讓自己的意見占據上風嗎？」為了正確瞭解自己，在回答上面所有問題時，SP型人必須保持絕對客觀和誠實。

◆策略2：通過想像美好的事情緩解痛苦

小薛是一家醫療器材公司客戶管理二部的客戶經理，一個健談、活潑、溫和的SP型人。她耐著性子開完一個持續了整天的部門會議，她在會議中幾乎沒有發言。在會議中，小薛努力想使自己表現得很感興趣、很投入，但剛剛過了十五分鐘，她已經不耐煩了，心想：「這裡坐著十位客戶經理，十二位客戶主管，但卻沒有任何事情發生。他們在開發新客戶方面沒有任何進展，總是在不斷重複相同的對話，卻沒有通過任何決議。」有幾次，小薛發表了自己的看法，但其他人的反應卻不熱烈，他們不僅沒有表示同意，反而對小薛的看法不屑一顧。

隨著會議的進行，同事們逐漸注意到小薛比平時顯得更為沉默，但他們以為這是工作疲憊或生病的緣故。在下午會議休息時，幾位同事過來隨意地與小薛攀談：「你還好嗎？你今天講的話很少，是生病了嗎？」

小薛對每位同事的回答都是一樣的：「我還好，謝謝。」她期盼著周末的到來，準備帶家人一起去登山，釋放一下憤怒的情緒。

☆容易觸怒小薛的場景

小薛是一位溫和的SP型人，無論是在工作中或是參加團隊活動，她平時都表現得熱情、大方、健談，總是成為同事注目的焦點。她喜歡具有激情和挑戰性的工作，越是困難的任務越能激發她的工作動力。現在整個部門在拓展客戶方面毫無進展，只是在按部就班地維護與老客戶的關係，小薛當然感覺不好。事實上，最近她非常焦慮、煩躁和不安，已經準備向公司提出申請，想調到客戶三部工作，如果公司駁回她的申請，她決定離開公司。在整個會議中，小薛都覺得很無聊和沮喪，在她看來，這些好似沒有盡頭的重複話題，不知談過多少遍了，實在沒有必要再老調重彈。

會後，小薛和其中關係比較近的同事M交流了自己的感受。M是一位謹慎者（C型人），一個喜歡例行性工作的人，善於團隊合作，她對目前的工作狀態比較滿意。M對小薛解釋說：「會議的目的是確保每位客戶經理都能了解所有相關資訊，這樣大家才能達成共識。」小薛立刻反駁了M的觀點：「部門的好幾位同事，包括我自己，都已經很清楚相關的資訊了，我們為什麼還要浪費寶貴的時間呢？」

在面對過於尋常、重複的任務時，SP型人往往變得沮喪，非常不耐煩。事實上，小薛已經很滿意自己能夠堅持聽完整個會議而沒有找理由提前離開的狀態了。

在會議過程中，小薛希望部門能有所改變，還是忍不住提出了自己的看法，但幾乎沒有人積極回應，這讓她感到非常憤怒。從頭至尾沒有人評價說：「這個建議不錯，我覺得可以這樣做」，就連「你的想法啟發了我，值得研究」這樣的評價都沒有。實際上，討論看起來很快又回到了原來的軌道上，緩慢、單調、胡扯、推諉，重複地述說著如何在一起工作。

另外，整個房間裡的沉悶氣氛也讓小薛感到窒息和不舒服。通常，她都能給自己參加的團隊帶來活力和能力，成為「團隊明星」，然而現在好像自己所有的努力都沒有帶來任何效果。沒有人肯定自己的想法，這讓小薛非常憤怒，感到心煩

NOTES：

容易觸怒溫和SP型人的場景

- 沉悶乏味，沒有挑戰，太過平常的工作或任務。
- 別人的輕視、忽略和不嚴肅的對待。
- 失去焦點位置。
- 不公平的批評。
- 自己的努力沒有達到效果。

意亂。

事實上，如果別人對SP型人毫不理會或者不太重視，他們一開始會覺得很受傷害，然後憤怒起來。這些積累的不快和沮喪，加上不得不強迫自己留在這個極度壓抑和煩悶的會議中，導致小薛的憤怒最終爆發出來。

最後，在別人詢問自己為什麼表現得這麼沉默時，小薛簡直要崩潰了。她心想：「這還用問嗎？」在她看來，同事並不是關心自己的健康，而是對自己行為的一種婉轉的批評。他們的潛台詞好像在說：「你為什麼不能做些貢獻？」在那一刻，小薛感覺自己要暴跳如雷了。

☆小薛被觸怒後的反應

SP型人在憤怒時，往往反應迅速。儘管小薛在整個會議過程中獨自一人坐在那裡生悶氣，但是她的沉默也暗示著有些事情不太對勁。在沉默時，憤怒的SP型人內心世界是極不平靜的，如同巨浪翻滾，濤聲不斷；這時他們往往思緒飛馳，整個大腦就像一部放映機，想法一個接著一個，對事情的發生做出一個又一個假設，設想出一個又一個反擊的辦法。

通常，SP型人都會儘量與痛苦保持距離，尤其是溫和SP型人，他們覺得自己每天都應該快樂，不要讓沮喪侵襲自己的大腦。在SP型人察覺到自己開始焦慮、不安和憂慮時，他們往往開始想像一些積極、有趣的事情：下一次旅行去哪裡，或者應該給誰打個電話來做成下一筆生意。

然而，SP型人真正感到痛苦和驚恐的時候，往往不會再逃避到讓人愉悅、感到刺激的想像中去，而是傾向於思索一些防禦和反擊的策略。SP型人敏銳的頭腦一旦開始思考就會高速運轉：分析形勢，對發生的事情和參與的人得出自己的結論，然後決定下一步的行動以及具體實施計畫。

儘管小薛最初努力將注意力集中在自己的想法和計畫上，但很快她就感到了厭倦。她開始猜測別的同事怎麼能忍受這個單調乏味的會談，然後就得出自己的結論：這些客戶經理都沒有自己經驗豐富、精明能幹。而事實上，整個部門的幾位客戶經理都擁有比她更豐富的工作經驗。這反映了小薛內心的一種自我解釋過程：自己的反應是正確的，別人的都是錯誤的。

SP型人在焦慮狀態下，往往會尋找一個令自己感到滿意，但實際上卻是錯誤的理由為自己的行為辯護。

隨著會議的進行，小薛的反應越來越消極。在覺得自己被整個部門忽視的情況下，小薛心想：「這是一個多麼缺乏想像力、無趣的團隊。如果只能談論這些問題，他們怎麼可能成為好的客戶經理呢？他們怎麼就想不出一個有創造力、有智慧的點子呢？」

SP型人在越來越煩躁，為自己的行為自圓其說也不能緩解他們的焦慮時，他們往往開始變得吹毛求疵，轉而批評他人。

一旦覺得別人不公平地指責了自己在會議中的表現，小薛就會

NOTES：

溫和SP型人被觸怒後的反應

- 通過想像一些美好的事情來逃避痛苦。
- 為自己的行為自圓其說。
- 批評或譴責對方。
- 可能採取不以為意的態度，淡化現實對自己的影響。

從批評轉變為譴責。她開始質疑同事的潛在動機：「他們是想獲得我的客戶名單，搶奪我的客戶資源。」在小薛看來，這些團隊成員都不值得信任，因此會議結束不久，小薛開始慢慢疏遠這些同事，包括與她關係很近的M。對小薛而言，與他們保持距離才能緩解自己憤怒的情緒。「眼不見為淨，還是相信自己的好。」小薛立刻切斷了與團隊的緊密聯繫。

☆如何緩解與小薛的衝突

SP型人在生氣時，會很難同意和對方進行交流。這時我們可以採取一種低調的、非對抗的方法接近SP型人。比如說：「你覺得這次會議怎麼樣？」或者「你對這次會議的感覺如何？」如果SP型人回應說：「一切都還好」，這就等於告訴對方：「對話結束，不要再問了。」然而，有些個人的見解確實可以鼓勵SP型人分享更多自己的感受，比如試著對SP型人說：「我覺得我們在一些問題上浪費了太多時間。」

當SP型人開始分享自己對有關事情的看法時，我們可以通過一系列不帶評價性的、自由回答的問題來瞭解SP型人的推理過程。比如當SP型人開始解釋自己的看法時，他們的很多觀點都已經進行了合理化處理，這時我們可以繼續追問：「你能幫我進一步理解這個問題嗎？」SP型人在講述了自己的感受後，只要對方不進行直接反駁，SP型人通常能夠耐心地聽取對方的想法。有些措辭對SP型人效果非常好，比如可以說：「你的觀點很有意思，但我的想法略有不同。」

如果SP型人已經開始批評和譴責他人，這時勸阻他們放棄自己的看法和結論就需要技巧和堅持。**最好的策略是首先承認我們已經瞭解到SP型人的憤怒，然後真誠地提出進行交流的要求**。比如，我們可以這樣建議：「我能感到你非常憤怒，但我並不是完全理解其中的緣由。你我之間的關係對我來說非常重要，我迫切和真誠地希望能和你談一談。」

前面已經介紹過，一旦SP型人開始述說自己的感受，我們就要鼓勵他們充分表達自己的看法，下面的方法就是向SP型人表明我們能夠理解他們的想法，並感受到他們想法的強度和重要性。我們可以這樣說：「這肯定讓你非常痛苦，我能理解你有多麼憤怒和煩躁。」這些回饋往往可以讓SP型人感到安慰，願意分享更多訊息；也可以取得緩解緊張氣氛的效果，使SP型人能在稍後面對我們的意見時，包容能力更強。

如果不同意SP型人的批評意見或解釋，我們仍然需要這樣措辭：「因為你的經歷是這樣的，因此我完全理解你做出這個結論的原因。」採**取真誠、直率、認可對方觀點的方法可以很好地處理SP型人感性的一面，這樣才有可能找到共同的語言，就雙方的分歧達成一致的解決方案**。

NOTES：

如何緩解與溫和 SP 型人的衝突

- 首次交流的提議不要打擾到 SP 型人。
- 詢問一些非評判性的、自由回答的問題。
- 讓 SP 型人充分表達自己的感受。
- 引導 SP 型人講出自己的推理過程。
- 和 SP 型人分享自己對他們感受的理解。
- 認可 SP 型人的感受。
- 真誠、直率，不要對 SP 型人採取批評的態度。

☆溫和SP型人如何管理自己的情緒

◎預先告知：

在工作關係確立的最開始，SP型人首先需要做的就是抽出時間與合作方深談一次，告訴對方哪些行為可能會困擾和觸怒自己。在衝突發生之前就談論彼此對合作關係的期望聽起來像是在浪費時間，但這些努力絕對是值得的，不僅提供了互相加深瞭解的機會，還減少了發生衝突後的溝通成本。

在介紹自己的情況時，雙方要做到清晰明確，還要客觀真實，儘量避免主觀臆斷。SP型人說話的速度通常很快，有些細節，SP型人如果覺得已經很明顯的話就會省略不講。因此，**在溝通的時候，SP型人要放慢語速，因為面對新的工作關係或者專案合作，任何事情都需要重新介紹，哪怕是很明顯的部分也要清楚地說明**。

在第一次深度交流的過程中，**SP型人還需要注意的就是認真聆聽，對不正確的內容可以要求同事進一步澄清**。SP型人的思維具有高度跳躍性，有時可能無法全部認同和理解同事的意見，即使自己認為已經清楚的狀況下也可能出現理解偏差。比如，如果同事提到「及時」對自己來講非常重要，SP型人可能難以理解，這時SP型人應該立刻詢問：「你能列舉一些例子來說明什麼叫『及時』嗎？」

◎即時回饋：

SP型人在預感到自己被觸怒時，應該立刻將自己的情緒回饋給同事。SP型人一般會儘量避免那些讓自己不舒服或痛苦的感覺、對話，因此SP型人不願意談論自己憤怒的感受。這種逃避可能是無意識的，當憤怒開始出現的時候，SP型人會儘量隱藏負面情緒，他們開始想像一些積極、有趣的事情，或者根本都沒有感覺到自己的怒氣。

這時SP型人首先要做的，就是確定自己此時此刻的真實情緒。因為只需集中注意力，SP型人完全能瞭解自己是否心煩意亂，並評估出這種情緒是真實的，還是表象的。

其次，SP型人需要確認自己的思維是何時開始從一個主題跳躍到另一個主題的，應該捫心自問：

「我的情緒已經發生變化，是什麼原因引起了我的不安和憤怒？」**一旦SP型人意識到自己的確被某些事情困擾，應該採取行動，立刻與同事溝通，即時回饋自己的感受**。儘管溝通和回饋的過程可能會讓SP型人不舒服，但如果任憑這些負面情緒不斷積累，最後可能無法解決。

◎及時釋放：

當感到自己已經開始顯露出憤怒情緒時，SP型人不妨進行一些身體上的鍛鍊，以發揮轉移注意力、釋放負面情緒的作用。體育運動可以減輕SP型人由於憤怒而造成的焦慮和積累的負能量。**在被痛苦的感覺困擾時，SP型人的思維往往更加活躍，這時進行運動鍛鍊可以幫助他們把注意力集中到自己身上，從而放慢思考的步伐，讓頭腦更加清晰**。身體運動之後，SP型人可以在一個拉長的時間段內重新關注自己的想法和感受，並捫心自問：「同事真的做了什麼讓我如此憤怒的事嗎？我的反應和實際發生的事實有什麼出入呢？」

◎自我反省：

當憤怒情緒開始從思維層面影響到行動時，SP型人應該控制自己的負能量，進行反思，積極反省自己的行為。這時，SP型人可以試著回答以下問題：「我對所處環境或者同事行為的反應，是否說明自身存在的一些問題？自己在哪些方面需要改善？如何處理自己的情緒才能塑造最佳的自我？」

SP型人需要多次詢問自己上述問題，進行反思，原因在於SP型人給出答案之後，可能會面臨兩種選擇：在第一次回答了問題之後，因為覺得自己的答案非常有見解或者有趣，就停止思考；或者開始還在思索自身的問題，轉而又考慮同事應該如何去做。認為同事的行為的確存在很多錯誤。

有時第一次脫口而出的答案是最好的，然而多次「反思」往往可以更加接近我們的內心，離真相會

越來越近，得出最有見解的結論。另外，在自我覺醒的道路上，SP型人需要專注於自身的問題，而不要偏離軌道，一味指責別人的行為。

SP型人控制憤怒最基本的問題是學會集中注意力。當發現自己無法將思維集中在某個想法、某項任務、某個人或某種感覺上時，SP型人需要不斷詢問自己一個問題：「現在自己的感受究竟是什麼？是焦慮、沮喪、憂慮、痛苦還是憤怒？這些不良感受的起因是什麼？我應該如何處理這些情緒？我要不要與同事進行一次開誠布公的談話？」認真思索這些問題，可以深刻地影響和改變SP型人。

SP型人一定要記住，自己大部分不好的感覺，並不是別人所引發的，雖然表面上看是這樣。他們的負面情緒實際上是自己不安的內心和獨特的性格引起的。明白了這點，SP型人就能更客觀地審視自己，也能更寬和地評價別人。

◆策略3：壓抑憤怒，積極回應排解不滿

小熊，一位典型的勸說NF型人，生活和工作在上海，是一家大型企業管理顧問公司的合夥人。一次，小熊的客戶，一家投資集團因為要在成都開設分公司，需要找一位對當地企業運營環境相當熟悉的諮詢師，小熊向公司推薦了成都分公司的合夥人小趙，這之前小熊對小趙的瞭解僅限於她在諮詢領域的聲譽。

整個諮詢專案持續了六個月，小熊從小趙和客戶那兒知道一切都進展得很順利。在專案完成一個月之後，有一天，小熊給小趙打了一個電話。小熊很憤怒地說：「我對你的行為感到非常生氣，

我們需要談一下！」小趙被小熊突如其來的質問搞得一頭霧水，吃驚地問為什麼。小熊回答道：「我給你介紹了一個收入可觀的專案，但是你卻從來沒有感謝過我！」小趙回憶起自己不止一次地感謝過小熊，便問道：「我不是告訴過你，我有多麼喜歡這個專案嗎？我還向你徵求過建議，而且也感謝過你的幫助。」小熊的回應非常迅速：「但是你從來沒有感謝過我推薦你負責這個專案，為你帶來了多麼可觀的回報。」

☆容易觸怒小熊的場景

小趙已經無意識地觸怒了小熊，因為NF型人最不滿別人把他們做的事情視為理所當然。儘管小趙認為自己已經表達了感謝之情，但在小熊看來，那些間接的「謝謝」遠遠不夠，因為小趙從來沒有明確表示「非常感謝你把這個專案介紹給我做」的這個謝意。小趙以自己對感謝的理解，向小熊表示了謝意，卻沒有瞭解NF型人所需要的感謝是什麼。小熊覺得自己的行為並沒有得到應有的贊賞，他對小趙的感謝方式毫無感覺，因此非常生氣。

NF型人的付出背後，往往隱藏著對回報的期待，他們渴望得到他人直接的認可與讚美，那些拐彎抹角、沒有任何實質意義的「間接」感謝，無法滿足NF型人的需求。尤其是當NF型人覺得他給別人帶來了巨大的幫助，他們希望「直接」獲得感謝和讚美的期待會變得更為強烈，一旦這種渴望落空，NF型人會感到失望、沮喪、悔恨和懊惱，感覺自己被人愚弄、利用和索求無度，最終會引發NF型人內心的不滿與憤怒。

小熊向小趙表達了自己的憤怒情緒後，小趙不但沒能理解，轉而詢問為什麼自己多次對他的感謝都得不到他的認可，這種回應如同火上澆油，讓小熊更加氣惱：「她竟然還是不理解我的感受。」小趙的回應第二次觸怒了小熊，當再度被激怒後，小熊忍無可忍，終於爆發了。

NF型人還有一個弱點：**當他們覺得對方沒有認真聆聽自己說的話時，尤其是在表達渴望、感受和需求的時候，會感到煩躁不安**。這是因為NF型人往往非常關注他人的需求，因此當他們難得鼓起勇氣提出自己的需求時，也希望得到自己曾經給予關懷的對方，給予自己誠心誠意的關注和理解。**如果這種在NF型人看來理所當然的期待得不到滿足，他們可能因此大發雷霆**。

小趙不經意間觸犯了小熊三個性格盲點，導致兩人的衝突不斷升級。

NOTES：

容易觸怒勸說 NF 型人的場景

- 做的事情被對方視為理所當然。
- 不被欣賞。
- 自己的講話沒有被認真聽取。

☆小熊被觸怒後的反應

當NF型人變得憤怒時，他們的情緒通常都經過了長期積累，而不是一時的感情用事，因為直接表達不滿對NF型人來講並不是一件容易的事。**NF型人需要對方給予褒獎和感謝時，會非常含蓄，不易察覺，因為他們希望與對方保持一種和諧的關係**。他們會給予對方感謝的時間，如果在NF型人能夠容忍的時間範圍內，對方滿足了他們的需要，他們會非常高興，心中會萌發再次給予對方幫助的想法。如果超出了NF型人可以控制的時間點，他們的負面情緒會不斷累積，終有爆發的一天。

NF型人一般願意表現自己樂觀、大度、成熟和討人喜歡的一面，因為他們希望成為人們心中的聖賢。但很多時候，人們通過推測仍然可以感受到NF型人的苦惱和不滿，比如NF型人可能剛剛還表現得友好、包容，但突然間變得冷淡、漠不關心和沉默少言。然而，像上面所講的這種變化，其中的含義有時也是模糊不清的，因為NF型人表現出來的冷淡可能是因為陷入了某種困擾中，也有可能僅僅是因為疲倦，或者對當時的談話和事情毫無興趣。

最後，如果NF型人希望與對方保持長期關係或者只是想讓衝突儘早結束，他們也會向對方直接表達不滿。**在表達不滿前，NF型人往往會事先考慮要講的內容，然後等待或者創造一個與對方交流的機會。談話的內容包括自己的想法、感受以及對別人行為和動機的推測，就好像對方還沒有意識到問題存在的時候，NF型人已經對衝突下了定論。**

在小熊的內心中，依然希望與小趙保持良好的關係，於是採取直接表達不滿的方式。事先小熊已經決定好怎麼表達自己的不滿，想好這次談話的內容。在表達了自己的憤怒後，小熊就將這些內容傳遞給小趙，包括指責小趙野心勃勃、根本不領情，只為自己著想，並且指出小趙根本沒有意識到自己具有這些不好的人格特質。

其實NF型人羅列對方種種不良的性格特質，在他們的內心當中可能並不這樣認為。因為NF型人在與對方交往中，除了關注能力、技能和經驗外，對交往對象像是道德、情感、良知、價值觀等內在修養等性格特質更加重視。如果對方缺少NF型人認可的優良特質，NF型人是不會與這些人保持長期聯繫的。

NOTES：

勸說 NF 型人被觸怒後的反應

· 長時間壓抑自己的感受。
· 決定說點什麼的時候往往情緒激動。
· 在表達不滿前，會事先思考要講的內容，包括自己的感受，自己為什麼會有這種感受，以及對方哪些地方做得不對。

NF型人直接表達憤怒，不是為了中斷彼此的關係，反而是為了修補和維持這段關係。他們之所以會指出對方種種連自己都不認可的惡劣人格特質，其實是為了降低對方的心理防禦機制，減少對方抵觸自己的力量，以讓對方產生一種「內疚和罪惡感」，然後再慢慢引導，修正關係，最終化解衝突。

如果想與對方繼續發展關係，大多數NF型人都會選擇自己化解衝突的途徑，採取直接表達不滿的方式。當看到NF型人一改常態，向我們直接表達憤怒和不滿時，請不要驚慌和恐懼，因為這是他們傳遞情緒和表達不滿的一種方式，希望繼續保持關係的信號。**只要我們認真、耐心地與NF型人保持對話，一切衝突都能化解。因為NF型人的憤怒「來得快，去得也快」，只要我們能認真傾聽，給予積極的回饋，也許明天他們已經將這些不滿忘得一乾二淨**。

☆如何緩解與小熊的衝突

前面已經提到，NF型人通常傾向於選擇自己認為合適的時間和地點來處理衝突，關鍵在於，我們如何以適當的方式接近這個傾向於自己發起對話，自行解決衝突的NF型人，從而緩解矛盾，消除衝突。

這裡仍然有一個突破點，就是前面說到的：**我們只要敢於面對，採取謹慎、不冒昧的方式注意和關心NF型人的內心感受，認真聆聽和積極回應，很多NF型人通常還是樂於接受的**。因為他們採取自我化解的方式，就是要通過對話傳遞訊息、抒發不滿，達到解決衝突、維持關係的目的。

然而這種方式有時仍然會使一些NF型人處於尷尬地位，同時還要看對方是否理解、願意接受和敢於面對NF型人發起的對話，因此這種方式具有不確定性，很難預料我們會接收到何種回饋。但這是緩解與NF型人衝突的一種方式，如果控制得當，可以從根本上解決問題。

另一種方式，**就是主動與NF型人接觸，尋找解決問題的辦法。採取這種方式，剛開始可能會遭到NF型人的抵觸**，然而，即使NF型人還沒有準備好接受你的提議來處理問題，他們通常也會在事後考慮一下，然後再回頭找你做進一步討論，**只要給NF型人充分考慮和接受的時間，就能為下一步的深度溝通打好基礎**。因此，我們可以這樣措辭：「我注意到你最近沒有平常那樣放鬆，是有什麼事情發生嗎？什麼時間你覺得方便，我很樂意和你談談，交流一下看法。或者只做你忠實的聽眾也可以。」這樣的對話往往可以降低NF型人的心理防禦機制，減少抵觸感，給予他們思考和準備的時間，有效鼓勵NF型人在準備好的時候願意和我們討論自己的內心想法，展開積極對話。

當NF型人準備好探討問題，要與我們開啟深度對話的時候，我們一般都能預測到他們的行為。因為這時的NF型人比較輕鬆，沒有過度的抵觸情緒，他們找到了一個可以傾訴的管道，怒氣已經消了一半。他們會滔滔不絕地說很多話，這時，我們只要認真聆聽，中間不要插入贊成或反對的論斷，就會拉近與NF型人的距離，讓他們不再疑慮，徹底放鬆。在傾訴過程中，NF型人的憤怒又會消解一半，他們原本善良、包容和友好的特點又會浮現出來。

在NF型人講完自己的全部想法之後，我們可以提出一些問題幫助澄清他們所說的內容，比如，「你為什麼覺得這是我做的呢？」或者「你能不能告訴我為什麼你會這樣解讀我的行為呢？」總之，**NF型人在盡情地訴說之後，通常會對別人的話具有更多包容力，不會再固執和主觀地予以反駁**。

在NF型人表達了自己的感受後，對於「現在我能不能講一下我對這個事情的看法？」這個問題，他們的回應往往非常積極，絕大多數都是給予肯定的答案：「可以，儘管說吧！」這時因為他們感到自己被認可、被尊重、被承認，認為對方是真的聽進和理解了自己所說的話。如果NF型人給出的答案是否定的，這往往意味著他們還沒有傾訴完自己的感受，這個時候，我們應該進一步詢問：「你還有什麼想說的嗎？」

當NF型人做好了聆聽我們觀點的準備後，往往會全神貫注。這個時候，他們願意接受我們這樣的措辭：「從我的觀點來看……」、「我現在的想法和感受是……」這種措辭，因為**沒有否定NF型人的觀點和感受，只是表達了希望獲得他們理解的願望，這種方式更容易被NF型人接受**。

對很多NF型人來說，在雙方互相尊重的前提下坦誠地說出自己的感受通常可以解決衝突。有時雙方可能都需要對自己某些特定的行為做出一定程度的改變，但這些都可以在恢復和諧的關係後再繼續進行。

要記住，**NF型人是性情中人，喜歡憑直覺做事**，很多時候，他們並不一定需要什麼結果，**他們傾心的是解決衝突的過程，一種坦誠、真實、尊重、理解和可以盡情抒發感受的過程**。有時，還沒等結果出現，NF型人的憤怒已經在傾訴和真誠交流的過程中被消解了。當你問他們「現在我們該如何解決這個問題」時，NF型人會笑著說道：「不用了，問題已經解決了。」在NF型人的意識中，過程通常比結果更有意義。

NOTES：

如何緩解與勸說 NF 型人的衝突

· 讓 NF 型人盡情地訴說。
· 向 NF 型人詢問一些澄清的問題。
· 和他們分享自己的觀點。
· 注意要積極回應，不定時地確認他們的觀點。
· 和 NF 型人一起討論感受和想法。

☆勸說NF型人如何管理自己的情緒

◎預先告知：

在雙方的工作或合作關係確立後，強調一下哪些行為可能會觸怒自己。可能觸怒NF型人的行為都非常相似。NF型人喜歡被人需要、被承認、被感謝、被理解、被重視。然而，由於他們總是顯得只付出、只向別人提供幫助，毫無尋求回報的樣子，這是因為他們期望成為聖賢，聖賢是大公無私的。很多人會因此產生誤解，把NF型人慷慨的付出看作理所當然。事實上，NF型人希望他人向自己直接、清晰和明確地表達感激之情。

絕大多數NF型人都不會告訴別人自己喜歡被人需要和讚賞，尤其是在工作關係剛剛確立的時候，他們希望樹立自己無私的形象，希望與對方建立和睦的關係，認為在工作環境中說出自己的私人感受會讓雙方感到尷尬。不過，NF型人完全可以通過講故事、作比喻或舉例子的方式向別人說明自己內心的想法，比如在鼓勵對方說出了自己討厭的行為後，NF型人可以這樣介紹自己：我的一個很重要的原則就是每個人都能得到他人的禮貌關照和尊重，具體就是在要求別人做某事時說聲「請」，在別人完成工作或任務時清楚地和對方說「謝謝」。我會這樣對待別人，也希望別人這樣對待我。

◎即時回饋：

在合作關係開始後，如果意識到自己被對方觸怒，應該立刻告訴對方。NF型人如果擔心說出自己的感受，很可能也會傷害或激怒對方，二者都不是他們想看到的結果。因此，下面的觀點對NF型人來說非常重要：**在感到憤怒時立刻與對方分享自己的感受，不僅可以幫助對方意識到自己的行為所造成的影響，還能使雙方之間的關係得到進一步發展。同時，分享感受也能幫助自己在建立關係之時學會如何向**

他人表達內心的需求。

◎及時釋放：

在感到自己已經開始顯露出憤怒情緒時，NF型人不妨進行一些身體上的鍛鍊或者出去走走。對NF型人來說，運動非常有幫助，因為這樣他們就可以開始真正關注自己，而不會再把注意力都集中在他人的需要上。NF型人開始關懷自己的時候，往往不再像以往那樣需要他人的肯定和欣賞。

當NF型人感到情緒低落、沮喪和憤怒的時候，適當的運動鍛鍊成為他們的「情緒出口」。透過運動，他們可以將注意力轉移到自己的身體上，而不再過度專注於內心的情感和想法，同時，**在運動的過程中也可以重新思索一下自己的憤怒情緒，從而形成新的觀點**。

◎自我反省：

當感到被觸怒時，NF型人可以試著回答以下問題：「我對所處環境或者同事行為的反應，是否說明自身存在的一些問題？自己在哪些方面需要改善？如何處理自己的情緒才能塑造最佳的自我？」

這些問題可以幫助NF型人把從別人身上轉移到自己身上。因為問題的關鍵不是別人需要學習什麼，而是NF型人需要自我反省。注意力的轉變會讓很多NF型人感到震驚、不適應，他們可能需要一遍遍地對自己重複問前面的問題。絕大多部分時間，NF型人的答案可能是：我渴望被人欣賞，或者我渴望被人需要，而對方在這方面卻沒有滿足我。不管最初的答案是什麼，NF型人都需要更深層次地剖析自我，捫心自問：「為什麼被人需要如此重要？即使沒人欣賞或者沒人需要，我的生活又會有什麼不同？」

不斷詢問自己通常會使NF型人意識到問題的起因在於：他們的付出往往是要獲得回報的目的。NF型人的這種目的往往是隱含的，有時連他們自己都沒有察覺到。他們希望得到回報，比如說別人的尊重、表揚、認可，或者被人認為是不可或缺的，甚至有時希望得到別人的敬畏，這種心理被稱為「操縱欲」。

「操縱欲」指的是在對方還不太清楚或者不同意的情況下，要求別人做某事或者決定他們的行為。**儘管很多NF型人都不喜歡「操縱欲」這個字眼，但有時他們看起來像是在為了付出而付出的偽裝之下，實際上卻是為了有所得而付出**。認識到這一點的確會給絕大多數NF型人帶來煩惱和憂慮，但更重要的是，它能帶來啟發與指引，幫助他們更好地理解自己的行為動機。

◆策略4：通過理性的對話抒發怒氣

小錢，一家大型律師事務所的合夥人，典型的實幹NF型人，工作努力、業績突出、成就非凡。作為獎勵，律師事務所的羅主任決定提拔小錢，任命他為金融法律業務部負責人。

羅主任知道律師事務所其他部門的負責人都很尊重小錢，基於這些考察結果，羅主任認為這對小錢是一個完美的職位，一定能發揮他的才能。

金融法律服務是公司的新業務，部門成立不到六個月，部門的律師個個畢業於國內頂尖的法學院，他們天資聰明，能力很強，只是注意力不夠集中。而小錢將會成為他們的榜樣，會給這個團隊注入新的活力。羅主任認為，這次任命小錢肯定會不勝感激，這對羅主任來說也是一個雙贏的局面。新部門成立不久，羅主任有足夠的時間來培養小錢，讓他以後能夠擔當更重要的職務。

然而當羅主任將自己的決定告訴小錢時，他的反應既感到不激動，也沒有展現出熱忱。羅主任說：「我決定任命你為這個部門的負責人，相信你一定可以勝任這個工作。」小錢卻完全被驚呆了，儘管他很滿意羅主任對自己工作的肯定，但是這種想法很快就消失了，取而代之的是想到自己馬上將要面臨的挑戰。小錢非常瞭解這個新部門的九位成員，其中兩名既有能力又有主動，還有五名能力很強卻缺乏幹勁，剩下兩名雖然很有進取心，但卻缺乏工作所需要的基本技能。

小錢設立了行動目標，竭盡全力管理整個團隊。然而，只有一半的成員工作非常努力，剩下的一半好像更熱衷於社交，而不是完成任務。他們知道如何工作，小錢甚至教導過他們相應的工作方法，但他們好像不感興趣，沒有把工作當回事。最終的狀態是，小錢和另外四名律師承擔了絕大部分工作。對此，小錢非常生氣，一團怒火好像隨時要爆發，更為糟糕的是，小錢將這種不滿遷怒到羅主任身上，認為這一切都是他造成的。

☆容易觸怒小錢的場景

本來羅主任是為獎勵和培養小錢，但事實上卻給小錢帶來了很多壓力。羅主任決定提拔小錢擔任新業務部門負責人的表達方式，讓小錢沒有辦法拒絕。羅主任是這樣表達的：「我決定任命你為這個部門的負責人，相信你一定可以勝任這個工作。」這讓小錢感到一旦自己拒絕這個職位，就等於說自己不願意接受提拔。如果羅主任換一種措辭：「你願意擔當這個職務嗎？」那麼小錢還有推辭的餘地：「過段時間應該更合適，現在還不是一個好時機。」對小錢來說，羅主任並不是來徵求他的意見，而是一廂情願地直接告知他，他已經是新部門的負責人。

新部門負責人的職位並不能吸引小錢，因為他已經很清楚地知道新部門只有一部分成員可以擔當重任，而剩下的人可能把事情搞得一團糟，最後還會弄得自己顏面盡失。另外，在一開始，小錢就感到自己根本沒有任何辦法可以讓所有成員都認真工作，表現良好。更讓小錢憂慮的是，成為新部門主管後的表現會給羅主任留下什麼印象呢？小錢當然很在意這個問題，但同時也非常看重整個律師事務所是怎樣看待自己的能力。總之，NF型人通常會儘量避免那些不能很好地表現出自己專業水準的場合。

小錢覺得自己很可能會因為部門同事拙劣的表現受到指責和嘲笑，至少也會被要求承擔領導責任。考慮到整個部門的工作能力和工作動力，再加上自己不願面對失敗的個性，小錢已經清楚地預見到自己將會承擔部門中的絕大部分工作，這是他最不願看到的情況。

在小錢看來，羅主任提供的這個職務不僅會把自己淹沒在工作中，還要整天面對狀態不佳的同事，而且他的辛勤勞動也不可能獲得任何回報和讚揚。在這種情況下，面對羅主任的一片苦心，小錢反而感到了無窮的壓力、沮喪和苦惱，他不能對羅主任訴說，也不想把自己的痛苦展現給部門同事，只得不情願地面對現實。羅主任強加給他的壓力，新部門混亂不堪的現狀，兩種不滿疊加在一起，終於引發了小錢的憤怒。他覺得自己陷入了一個進退兩難的境地：如果同意，將要面對失敗的痛苦；如果拒絕，會影響自己的職涯發展。

NOTES：

容易觸怒實幹 NF 型人的場景

· 被安插在一個可能失敗的工作或位置上。

· 對方看起來不是很專業、不太敬業。

· 因為別人拙劣的表現而受到指責。

· 不會因為所做的工作而獲得讚揚。

☆小錢被觸怒後的反應

羅主任根本不瞭解小錢的煩惱。在聽到羅主任決定提拔自己的通知時，小錢只是專心聆聽，然後提出了一些有關部門工作計畫和時間安排的問題。羅主任的確感覺到了小錢的擔憂，但卻認為這都是因為小錢想盡職盡責地把工作做好的關係。

像很多NF型人一樣，小錢沒有直接表現出自己的不開心，他平靜、自信的外表把內心的憂慮完全遮蔽了。

在後來的工作中，小錢既沒有向羅主任抱怨過某些成員的表現，也沒有表達過因為管理這樣一支團隊而帶來的緊張情緒。羅主任也注意到小錢總是顯得非常疲倦，尤其是在一個為期六個月的法律服務專案快要結束的最後兩個月裡。羅主任開始關注新部門的表現，然後向小錢提出了自己的問題：「看來部門中有些成員工作非常努力，而另外的就不太認真了。你能告訴我誰對專案的完成做出了自己的貢獻，而誰又沒有呢？」

小錢的回答卻讓羅主任非常吃驚：「每個人對任務的完成都做出了應有的貢獻」，然後開始列舉每個成員所做的成績。儘管小錢對某幾個成員的表現非常不滿，但在這種情況下，他不可能向羅主任說出事情的真相。

小錢掩蓋真相的原因主要有以下幾點：

第一，這是NF型人共同的特點。無論是貢獻型，還是實用型，他們都有一顆善良、包容、正直和寬容的心，不忍心看到團隊成員被公司指責和批評。因為NF型人想成為聖賢，而成為聖賢的一個標準就是「包容和容忍」。

第二，NF型人渴望人際關係的和諧，當羅主任向他瞭解情況時，好幾個同事都在附近，他們的談話肯定會被聽到。小錢認為如果自己向羅主任抱怨某些成員的表現，那麼整個部門都會相互猜忌、生氣受挫而感到憤怒。不僅會影響他們的積極性，還可能破壞整個團隊關係的和睦。

第三，NF型人非常自信，喜歡得到別的人尊敬、肯定和讚揚。小錢認為如果告訴羅主任哪些成員表現不好，他們會認為是自己在向公司告密，這種不符合部門主管身分的行為會招致他們的憤怒、厭惡和蔑視，後果就是整個部門更難領導。

第四，NF型人很正直，喜歡設身處地為人著想。小錢覺得既然自己不希望別人在上司面前貶低、譭謗自己，那麼團隊成員肯定也是這麼想的。

因為羅主任在公開場所詢問小錢這個問題，使他再一次陷入了進退兩難的境地。他的不滿、苦惱和憤怒越來越強烈。

對於部門某些成員的失望肯定會隨著日後工作的繼續日益加強，小錢心中的挫敗感和憤怒也會不斷積累。假設稍後羅主任再次任命小錢出任一個也存在問題的部門主管，小錢肯定會不假思索地拒絕，聲音尖銳、短促，受到震驚的羅主任這才意識到有些事情真

NOTES：

實幹 NF 型人被觸怒後的反應

- 會不耐煩地詢問一些簡單的問題。
- 不願意告訴別人自己的煩惱。
- 壓抑情感，儘量不讓肢體語言洩露自己的內心感受。
- 隨著時間的流逝，他們的聲音會變得尖銳。
- 隨著時間的逝去，他們的話越發簡略。

的做錯了。

☆如何緩解與小錢的衝突

如果NF型人很明顯地表現出了憤怒或憂慮，那麼說明這些情緒已經在他們的內心裡積蓄了一段時間。在一個私密的環境中，首先確認NF型人當前沒有面臨過多的工作壓力，然後再友善、清楚地詢問他們憤怒或憂慮的原因，這時的NF型人往往願意敞開心扉，訴說緣由。

記住，如果在公眾場合向NF型人詢問上述問題，場面往往會非常尷尬，因為這破壞了NF型人要在大家面前保持積極正面形象的願望。如果NF型人正忙於工作，臨近最後期限或者面對其他壓力時，他們一般不願意花時間探討自己的情緒問題。因此我們要想接近NF型人，應該選擇一個合適的時間和環境與NF型人交流，可以這樣措辭：「看起來好像有些事情困擾著你，如果我有什麼地方做得不對，我非常希望你能告訴我。」

對於我們提出的問題，一些NF型人可能仍然不願意承認有些事情困擾著自己，也有一些NF型人雖然承認問題的存在，但卻不願意立刻開始探討。不管怎樣，即使NF型人根本不想談論這些事情，只要給他們時間，NF型人也會在私下從更深層次思索相關問題，這種自省為日後進行有效的談話開辟了一條道路。有時候，NF型人會自己提出討論的意願；或者我們也可以過一段時間，最好在一個星期後，再次詢問他們的意見：「上一次我問過是否有什麼事情困擾著你，你說沒有。但我現在仍然能夠感受到你的憂慮，願意和我談一談嗎？」

有些NF型人可能完全清楚自己正在生氣，有些則感到不安，但卻不知道為什麼，也有一些過於忙碌、專注於工作、活躍的NF型人甚至沒有意識到自己的煩亂。因而，一個不要求對方立刻回應的簡單提議可以讓NF型人好好思索一下自己的感受。一旦NF型人完成了自我評估，他們會自己提議做進一步的交流。如果沒有，我們也可以重提話題：「可以和我談談你頭腦中的想法嗎？」如果這樣提議兩三次都沒有得到NF型人的正面回應，我們就適可而止，因為如果NF型人不願意談論這個話題，多次詢問往往會使他們更加焦慮。

如果覺得事情有可能得到解決，絕大多數NF型人還是願意面對和處理衝突的。因此，只要以解決問題為目的，達成積極效果的可能性就比感情用事要高明得多。**對NF型人來說，解決問題意味著要關注三件事情：第一，從發生的結果來看衝突所帶來的影響；第二，以理性的態度分析衝突的基本起因；第三，也是最重要的一點，就是採取什麼方法可以解決這個問題**。總之，強調問題能夠解決的一面非常符合NF型人「只要對工作和達到目的有利，一切皆可為」的處世態度。

為了更加清楚地理解哪種交流方法更適合NF型人，我們舉兩個例子來說明，這兩個例子的背景都是NF型人沒有通知團隊中一個成員參加某個重要的客戶會議。

情境一：那個被遺漏的成員面對NF型人時情緒非常激動。

昨天你和客戶會面，卻沒有通知我，我感到非常生氣。這些客戶是我們大家的，不是你一個人的。你這樣做不但會影響我和客戶之間的合作，還會破壞專案的順利進行和我們友好關係的發展。你究竟是怎麼想的？你為什麼要這樣做？如果我們之間有什麼問題，那就公開談一談吧。只要彼此都完全開誠布公，我們才有可能解決這個事情。

上述這種方式很可能導致NF型人不會再靜下心來思考自己內心深處的想法，而是開始自我保護轉而指責對方。儘管很多NF型人都欣賞直爽和誠實，但是這種情緒化的方式卻要求NF型人立刻開始對彼此的關係進行一次緊張的、非理性的探討，這不是NF型人所喜歡的。通常情況下，NF型人更喜歡快速解決問題，從而使雙方的工作關係變得更有成效。因此**NF型人會儘量迴避檢視自己內心深層感受的要求，這並不是他們不願意探討這些難以解決的感受，而是只有他們自己覺得有需要時才願意彼此交流。NF型人討厭來自別人的強硬要求**。

對於別人的指責，NF型人非常敏感。在第一個場景中，情緒化的措辭暗示著NF型人犯了錯誤。NF型人這麼做有可能是無意識的疏忽，也可能是有意為之的，無論哪種情形，面對別人的指責，他們都會開啟自我保護和自我防禦的模式。

情境二：那個被遺漏的成員面對NF型人時情緒客觀冷靜。

昨天你獨自和客戶會面，這樣做的後果是，他們有可能意識不到在所完成的工作後面是一個團隊在辛勤地為他們服務，也可能讓他們感到團隊成員之間的關係比較緊張，最終的結果是對團隊和公司失去信心。如果這只是你的疏忽，情況應該很容易彌補。如果是因為我的表現引起了你的某些誤解，我很願意彼此交流，瞭解你的感受。不管是什麼原因，我和你一樣，都願意快速有效地解決

NOTES：

如何緩解與實幹NF型人的衝突

- 在私密的環境中向NF型人友善、清楚地表達。
- 確定NF型人當前沒有過多的工作壓力。
- 語氣不要帶有強烈的情緒色彩。
- 使用理性的、能夠解決問題的方法。

問題。你怎麼想呢？

這些措辭更加客觀，NF型人可以完全按照自己的想法來決定說什麼。**面對一個開誠布公解決問題的提議，絕大多數NF型人都願意分享自己的想法、感受和觀點，同時也會提供一些解決問題的建議**。

☆實幹NF型人如何管理自己的情緒

◎預先告知：

在雙方的工作或合作關係確立後，強調一下哪些行為可能會觸怒自己。同時在對話中告訴對方自己願意為促成有效成功的工作關係做出努力。一個有效的開場白可以這樣措辭：「因為剛剛開始一起工作，我覺得如果能夠瞭解你喜歡的工作方式，肯定會對彼此的合作有所幫助，尤其是你喜歡什麼、不喜歡什麼。這樣，我就可以相應調整自己的行為，當然，我也願意和你分享自己的一些喜好。」

在輪到自己分享喜歡的工作方式時，NF型人可以這樣介紹：「我喜歡和非常有能力、有責任感的人一起工作。所謂『非常有能力』是指工作技能熟練，同時不斷改善自己的表現，最終能夠高品質地完成任務。我個人覺得每個人的表現都會給整個團隊帶來或積極或消極的影響。我不願意自己忙得要死的時候，環顧四周，卻發現別人沒那麼努力。」

◎即時回饋：

在合作關係開始後，如果意識到自己被對方觸怒，NF型人應該立刻告訴對方。忙碌的NF型人根本不願意和別人討論自己的感受，但要記住，花費這個時間是值得的。事實上，**在問題剛剛出現時就著手解**

決，所花費的時間和精力會大大降低。一個和善、直爽的詢問，比如，「你有時間談論一下剛剛發生的那件小事情嗎？」即時回饋會為成功的交流開闢道路。

◎及時釋放：

在感到自己已經開始顯露出憤怒情緒時，NF型人不妨進行一些身體上的鍛鍊或者出去走一走。**對NF型人來說，運動非常有幫助，因為這樣他們就可以暫時不用考慮工作。同時為了充分利用這段「休閒時光」，最好從事一些能給自己反省空間的運動**。比如散步、瑜伽或者徒步旅行。NF型人可能會被一些需要競爭的體育運動吸引，比如籃球、羽毛球、拳擊等，但是這些運動需要全心投入，這樣的話，NF型人就沒有時間考慮自己的感受了。過於緊張和對抗性強的體育運動可以消除NF型人的憤怒，他們甚至覺得沒有必要再處理自己的情緒，然而這並不能真正解決問題，NF型人也失去了自我反省的機會。

◎自我反省：

當感到被觸怒時，NF型人可以試著回答以下問題：「我對所處環境或者同事行為的反應，是否說明自身存在的一些問題？自己在哪些方面需要做出改善？如何處理自己的情緒才能塑造最佳的自我？」

NF型人應該認真考慮一下其他人的行為和自己的成功或者失敗究竟有什麼關係，這個問題也是他們經常對別人發表負面評價的關鍵。發生以下情況的時候，NF型人都需要反思一下：**面對情緒不好的人、覺得他人在和自己競爭、看起來不是完全可以勝任工作、討厭經常失敗和不自信的人等**。

NF型人應該經常問自己一些問題：「為什麼成功對我來說如此重要？如果成功不再是我追求的目標，我又會有什麼不同？我的想法、感受和觀點會改變嗎？如果我不再專注於給別人留下深刻印象，生活和工作會發生什麼變化？」

◆策略5：什麼也不說，含蓄輕鬆地緩解衝突

小馮，一名戰略NT型人，曾經在一所大型科研機構當過十年的行政主管，主要負責科研機構辦公空間的總務管理，她很喜歡這份工作。小馮的職責包括確保所有的辦公系統運轉良好，比如供電、空調、網路等。因為有部分空間對外出租，小馮還要考察承租人的情況、規劃各個辦公大樓的後勤工作和租賃事宜，以及其他很多行政事務。小馮並不想為一些偶然發生的緊急情況而二十四小時待命，然而她在夜間或者週末卻總是不得清閒，不過是一些偶然發生的小事，比如警報系統誤報、網路突然中斷等。儘管如此，小馮還是很滿意這份工作的穩定性，以及與不同人打交道。

一個星期天的早上，小馮正打算與家人一起去爬山，保全卻打來電話：「四號科研大樓前一棵高大的老樹倒了，儘管沒有人受傷，但這棵老樹剛好倒在大門前面。」四號科研大樓大部分是租給其他新創公司，每年都給公司帶來可觀的租金收入。而且這屬於後勤維護問題，如果這個危險得到不解決，租戶們星期一早上就沒辦法安全地進入辦公室。

小馮只得開車趕到公司，查看了相關情況後，她意識到必須立即採取行動。但是小馮從來沒有處理過這種突發事件，她不知道應該找誰幫忙。打了幾通電話之後，小馮瞭解到有專業的樹木移植公司可以處理這種情況。她先後聯繫了七家公司，卻只有一家公司在周末辦公。考慮到事態的急迫性，小馮決定與這家公司合作，讓他們儘快趕到公司與自己會合。

幾個小時過去了，大樹被安全移走，樹木移植公司的工頭走到小馮面前讓她支付相關費用。小馮感到很意外，她本來認為帳單應該是郵寄到自己單位的。當小馮問需要支付多少費用時，對方猶

豫了一會兒，突然冒出了一個價錢：兩萬元。

小馮覺得費用太高，對方回應說：「因為這棵樹比較高大，另外周末工作也要加收額外費用。」小馮給他簽了一張兩萬元的支票，然後開車回家。在回家的途中，小馮開始緊張、憤怒，心想：「我被騙了，難道那個人覺得我是一個傻瓜嗎？」在接下來的五天裡，小馮越想越生氣，她知道周末工作的費用是比較高，但兩萬元也太超過了，她本來的預算是不超過一萬五千元。小馮在考慮是否要將這張支票索回，但又覺得這樣做太過冒險；她擔心主管在審查月度預算時發現無法交差。但最後決定還是等事情發生了再處理吧，說不定主管沒有注意到。

兩個星期過去了，小馮還在為那兩萬元煩悶。一天，行政經理老馬審查完預算後問起了這筆帳單，小馮承認了自己受騙的事，她解釋說其他公司周末都不上班，而大樹又必須儘快移走，如果租戶星期一早上無法進入辦公室，公司的損失一定會遠遠超過兩萬元。

當被問到為什麼沒和這家公司溝通欺詐的事情時，小馮的回答讓老馬大吃一驚，她說：「我提出抗議了！我問過他為什麼費用這麼高？」

老馬回應道：「小馮，那不是抗議，這不過只是提出一個問題。你為什麼不告訴那個工頭價格太高，你當時不能支付，等星期一再與他們的負責人溝通這件事。你本來可以給自己多留點時間，公司也可以只給他們一個合理數額的支票。」

小馮感到委屈和憤怒，她想不出該如何回答。最後說：「總之，我盡了全力。」然而，小馮的內心充斥著雙倍的怒火，她的憤怒不僅源自工頭的欺詐，也包括老馬的反應，主管沒有考慮自己的努力，也沒有提供相應的支持，還將自己置於難堪的境地。

幾個月過去了，小馮還在因為工頭、老馬而生氣，同時她也生自己的氣。

☆容易觸怒小馮的場景

星期天早上接到保全的電話後，一向鎮靜的小馮開始擔憂。她放鬆的周末就這樣因為一件意想不到的事情而泡湯，他自己還必須立刻處理問題。NT型人通常都特別享受休閒的時光，喜歡與家人在一起，討厭別人破壞這放鬆的一刻，打破這種寧靜與和諧。這是第一件讓小馮不高興的事情。

小馮還把這個事情的發生看作是對自己私人時間的不經協商的侵占。NT型人討厭被人教導該如何行事；儘管是一項工作而不是別人占用了自己的時間，但是小馮感覺就像是別人發出了一個令她不快的指令，這仍然讓她氣憤。這是第二件讓小馮不高興的事情。

從移樹工人開始工作到最後移走大樹，小馮和工頭以及工人的交流都非常有限。她本來以為工頭會首先與自己商討作業流程，並說明所需時間、如何收費等。然而，工頭在見到小馮之後所說的全部內容，不過是「就是這棵樹？」

還沒等小馮開口詢問，工頭已經開始指揮工人幹活了，同時親自上陣用鏈鋸開始鋸樹。這個工作當然很危險，噪音也很大，小馮只能遠遠地站在一邊。她想等工作完成後再和工頭討論相關事宜，但事實上，他們最後所說的，就是有關費用的那幾句話。這些非常有限的交流讓小馮覺得自己被忽視了，這是第三件讓她不開心的事情。

在簡單討論費用的過程中，小馮覺得工頭的態度非常粗魯。本來NT型人完全有能力和所有人建立和諧的關係，但是工頭卻好像對任何交流都不感興趣，這讓小馮非常沮喪。另外，小馮還覺得工頭在回答自己的問題時過於簡略，用三言兩語就打發她。總之，小馮得出結論：這個工頭態度非常粗魯。這是第四件讓她生氣的事。一般來說，很多人的憤怒在碰到三件或者更少的不開心的事情後就會爆發，但對NT型人來說，卻可能需要四件或者五件。

小馮還感覺到工頭心中潛在的敵意。儘管她還想繼續討論費用問題，但卻不願意和工頭爆發衝突。小馮設想，如果自己直接指出工頭的詐欺行為，他肯定會表現得高度緊張並開始發火。NT型人通常都會儘量避免或者緩解衝突，因此小馮決定不再對工頭多說什麼。

小馮一想到移樹的費用就憤怒不已，收費太過昂貴，遠超出了小馮的預期。而且小馮覺得那個工頭乘人之危，知道自己在緊急情況下，不得不接受他的出價。工頭在說出價格之前猶豫了一下，小馮相信他一定是說出了一個能收取的最高價格。儘管所有類型的人在這種情況下都會感覺受騙，但是NT型人尤其覺得煩躁、沮喪和憤怒，這是小馮怒火爆發的根本原因。

讓小馮越發憤怒的是，主管竟然質疑自己處理問題的方式，完全忽視了自己的困難和努力。

> 八年過去了，現在小馮已經是一家房地產集團的行政總監，但小馮每每想起或者提起這件事，總是會氣憤地說：「我根本不應該給他那筆錢！」

NOTES：

容易觸怒戰略 NT 型人的場景

- 平靜、和諧的生活被打斷。
- 被人指點該怎麼做。
- 被忽視。
- 對方態度粗魯。
- 公然的對抗。
- 被人欺騙。
- 被質疑。
- 沒有獲得支持的感覺。

☆小馮被觸怒後的反應

當感到憤怒時，NT型人通常什麼也不說。別人通過他們的肢體語言也看不出任何異樣，但是NT型人輕微的臉部表情反映出來的緊張，還是會洩露他們的內心：眼睛會微微地來回轉動，嘴角也有稍稍的扭曲。儘管小馮因為工頭和老馬的行為非常生氣，但是他們誰也沒有感覺到。

NT型人通常不會立刻意識到自己心中的不滿；稍後他們在考慮這個問題時，才會感覺到自己緊張甚至憤怒的情緒。小馮對工頭詐欺行為的反應就是這樣，她當時還不覺得什麼，只是認為這不合理；但在離開公司後仔細一想，才深知自己被騙了。NT型人想得越多，就會變得越憤怒。

NT型人的怒火往往是慢慢燃燒的。有時，他們可能非常清楚自己負面情緒的起因，就像小馮一樣。有時NT型人雖然瞭解自己的不開心，但卻不知道自己為何生氣。比如NT型人本來是因為同事的行為而感到憤怒，但卻會向另一個無辜的同事發火。這種脾氣暴躁的行為與NT型人平常親切、隨和、友善的表現簡直是天壤之別，會令無辜遭受波及者感到非常困惑。如果這時同事鼓起勇氣問NT型人「你為什麼對我發火」，NT型人才會注意到原來有一些事情在困擾著自己。

MBTI四種類型的人都會把真實的情感發洩到和自己情緒不相關的事情和人身上，NT型人尤其如此。有時候別人什麼都沒做，或者做了一些無傷大雅的事，或者像老馬一樣，只是以小馮主管的角色例行性地詢問一些問題，提出一些建議。在老馬看來，這是自己的職責所在，再正常不過了。但小馮卻不這樣看，她認為這是老馬的故意刁難。遇到這種情況，NT型人就會不由自主地將憤怒發洩到這些人身上，這都是他們否認自己真實情緒的結果。

當NT型人真的意識到自己的憤怒時，他們就開始了一個循環迴圈的思考過程：回想整個事情的發展以及和別人的對話，仔細研究自己當時的反應，假設自己說出不同的話或者做了不同的事，結果會有什麼不同，然後再次變得憤怒。這個周而復始的過程會不停重複，幾個星期、幾個月，甚至幾年。

其他類型的人也會被自己憤怒的情緒長期困擾，比如謹慎者（C型人）和NF型人，他們也會在腦海中不斷重複那些觸怒自己的事件，一旦想清楚了，這種連續的思考過程就會中止。然而NT型人並非如此，他們會在腦海中不斷重現事件的發展經過，反覆分析原因。但是整個過程並不是連續的，而是斷斷續續，中間夾雜著別的需要他們注意的問題。這種曠日持久、拉長的、偶爾重新體驗的過程，說明了為什麼八年過去了，小馮還在為此事生氣。

NOTES：

戰略 NT 型人被觸怒後的反應

- 什麼也不說。
- 緊張的面容會洩露他們憤怒的情緒。
- 可能自己都沒有意識到心中的憤怒。
- 將遷怒到不相關的人身上。
- 憤怒會在心中保留很長時間。

☆如何緩解與小馮的衝突

接近處於憤怒中的NT型人最大的挑戰在於：很多NT型人都沒有意識到自己內心深處的憤怒和委屈。

一般來說，NT型人很少關注自己的感受，尤其是感受中夾雜著憤怒的時候。憤怒、衝突與不和諧往往讓NT型人感到不安，因為這會威脅到他們最為看重的人與人之間和諧、友善的關係。

小馮和兩個人之間發生了衝突：工頭和老馬。工頭應該清楚自己行為觸怒了小馮，但他根本不在意。而老馬卻不瞭解自己的言語帶給小馮的感受，如果老馬知道的話肯定會表示關心。

老馬作為上司可以直接詢問小馮的感受，但一定要給她提供足夠自由、不受束縛的回應空間。比如，老馬可以這樣詢問：「你為這件事感到心煩嗎？」其中，老馬用「心煩」一詞取代了「憤怒」，因為「心煩」這個詞相對之下比較沒有那麼直接，不會讓小馮覺得這是一種對抗。即使小馮給出的答案是「不」，接下來的談話也有助於她進一步探索自己真實的憤怒感受。老馬接著可以這樣說：「嗯，我感到你的聲音比平時尖銳多了」，或者「如果這件事發生在我身上，我肯定氣到不行」。都可能會引出關於小馮感受的更多訊息。

聽完小馮的感受以後，老馬肯定想接著討論當時採取哪些做法會更加合適，但這種探討應該以彼此協作的方式進行。老馬應該首先徵求小馮的意見：「現在回頭想一想，在那種壓力下，還有沒有別的做法既能解決問題，又不會觸怒工頭？」這樣，在小馮回答之後，老馬就可以加一些自己的看法進去。

有時NT型人可以清楚、有力地描述出自己憤怒的起因和發生的時間。比如在老馬和小馮的對話中，小馮本來願意講述自己對工頭的憤怒感受，以及事情的發展經過，作為老馬，如果想瞭解小馮的真實感受，他所要做的只有一件事：聆聽。

在充分聽了NT型人所說的內容之後，一些後續的小問題可以幫助雙方確認還有沒有別的事情忘記講了。比如，NT型人抱怨說自己之所以生氣，是因為工作沒有按照約定的期限完成，這時我們應該追問一句：「還有沒有別的事情讓你心煩，相關的或者不相關的？」

一旦NT型人完全、直接地表達了憤怒，一句肯定的評價就能帶來非常不錯的效果：「非常感謝你願意分享自己的感受，我真的很贊成你這麼做。」**直接表達憤怒對NT型人來說非常困難，因此我們要讚揚他們這種敢於面對挑戰、敢於正視自己的行為，鼓勵NT型人未來繼續這樣坦率**。讚揚傳遞給NT型人的訊息是這樣的：發生衝突並不一定會讓雙方的關係變得緊張或者疏遠，直接交流會讓彼此更加親密。

如果我們認真聆聽了NT型人的感受並給予認可，那麼他們會更加願意接受我們對於事情的不同看法。有時面對一個簡單的要求「我能說一下自己的感受嗎？」NT型人就已經做好了聽取別人觀點的準備。

從NT型人的性格特徵來看，他們通常都能接受人們對於同一種形勢的多種觀點，因為NT型人在與人交流時，很喜歡陳述多種觀點；然而在發生衝突時，只有在他們沒有遭到對方否定的時候，NT型人才樂意接受別人的觀點。這並不意味著我們必須同意NT型人的觀點，但是一定要對他們的看法表示尊重，創建一個和睦、平等的交流環境。比如，可以措辭：「你講的內容很有用。儘管我的本意不是這樣，但我能理解你為什麼會有不同的看法。」

> NOTES：
>
> **如何緩解與戰略 NT 型人的衝突**
>
> - 親切、簡單地詢問他們為什麼生氣。
> - 詢問時採取含蓄、輕鬆的方式。
> - 全面而認真地聆聽 NT 型人的解釋。
> - 肯定 NT 型人直接表達憤怒的行為。
> - 在認可 NT 型人感受的基礎上和他們分享不同的觀點。

☆戰略NT型人如何管理自己的情緒

◎預先告知：

在雙方的工作或合作關係確立後，強調一下哪些行為可能會觸怒自己。不需要鼓勵，NT型人就很樂意在工作關係確立之初，花點時間與對方建立和諧的關係。他們比較喜歡使用放鬆的方式進行交流，比如，在某人的辦公室門前聊上幾句，午飯時談一些和工作相關或者不相關的事情等。

但是在討論哪些行為可能觸怒自己時，就應該考慮一下措辭和針對內容。NT型人通常會向同事提出一個不受限制的邀請，比如「為了建立有效的、和諧的工作關係，你是否願意花幾分鐘談一下各種對彼此行為的期望？這樣能幫助我們加深瞭解，更有利於工作的開展」。

如果NT型人要介紹令自己不滿意的行為，可以這樣措辭：「和工作相關的所有決定和會談，我都希望能夠參加，當然我也希望所有相關的人都一切參加。」這樣措辭的效果比「我不希望被忽視」好一些。同樣，NT型人想表達「我不喜歡被人指點該怎麼做」時，可以這樣說：「如果想讓我做些什麼事，我希望對方提出誠懇的請求，而不是強硬地提出要求，或者隱藏自己的期望。事實上，我能夠為工作如何完成，以及何時完成做出自己的貢獻。」

◎即時回饋：

在合作關係開始後，如果意識到自己被對方觸怒時，應該立刻告訴對方。這對NT型人來說有些困難，原因有三點：

第一，NT型人可能意識不到自己的不滿。然而如果他們開始注意自身的情緒和反應，就能充分感到自己的緊張和憤怒。**這時NT型人需要認真思考究竟什麼才是自己憤怒的起因，千萬不要貿然把怒火發洩到不相關的人或事情上**。

第二，當NT型人意識到自己的憤怒時，他們可能什麼也不說。深怕引發衝突。事實上，**NT型人應該認識到，在問題發生的第一時間進行交流可以減少衝突的發生。這種坦率還可以建立彼此之間和諧、互信的合作關係**。

第三，NT型人也許本來打算說點什麼，但總是拖延交流的時間。要麼總是感到時機總不對頭，要麼不知道該如何表達，要麼被其他一些緊迫的工作拖住了。因此**NT型人需要下定決心，在事情發生後立刻**

採取行動，和對方交流。雖然這樣做會感到有些尷尬，但遠比問題堆積後再處理簡單得多。

◎及時釋放：

在感到自己已經開始顯露出憤怒情緒時，NT型人不妨進行一些身體上的鍛鍊或者出去走走。和其他三種類型的人一樣，NT型人也可以通過運動舒解心中的憤怒。但需要注意的是，不能通過運動來避免衝突。**運動可以撫慰NT型人的心靈，但也可能導致他們完全忘記那些困擾自己的事情。一旦NT型人將注意力完全分散到運動上，他們還需要正視困擾，重新集中精力思索自身的問題**，比如利用運動後短暫的休息時間，詢問自己：「我是否還在注意那些讓我憤怒的事情？我目前對事情的想法和感受是什麼？」

◎自我反省：

當感到被觸怒時，NT型人可以試著回答以下問題：「我對所處環境或者同事行為的反應，是否說明自身存在的一些問題？自己在哪些方面需要做出改善？如何處理自己的情緒才能塑造最佳的自我？」

這些問題對很多關照NT型人來說是一個難題，因為他們平時總是在關照別人，卻很少關注自己。他們幾乎不注意自己的感受、想法，需要或者應該做的事情。從這點來看，NT型人完全忽略了自己，而且NT型人這種「自我忘記和忽略」的程度遠遠高於其他三種類型的人。

NT型人要回答上面的問題，**需要先把注意力集中在自己身上**，這對他們來說是一個挑戰，但也是塑造成功自我的體驗。

NT型人的個性特點就是要避免衝突，因此當他們真的開始處理衝突時，常常會產生被利用或者被忽視的感覺，這在很大程度上是因為NT型人不擅長表達自己的真實感受，不知如何為自己辯解，也不懂堅持自己的信念。**他們通常發現處理潛在衝突就是退讓或妥協，勉強同意對方的觀點，採取消極抵抗的方**

式，即使心裡不同意，嘴上也會同意。這是NT型人要克服的另一個缺點。

總之，戰略NT型人要想做到真正的自我反省，必須關注自己，敢於表達自己的真實感受。

◆策略6：退避忍讓，用真誠和信任化解矛盾

小耿，探索NT型人，他和小呂在同一通信設備集團工作，只不過小呂在位於A城的總公司，而小耿遠在九百公里外的B城子公司上班。在過去的一年中，兩人共同合作了一系列專案。有一次，小呂一個星期給小耿留了三個語音訊息，徵詢他是否願意參加一個有關他們合作專案的重要會議，這個會議將於下個星期在總公司召開。然而，小耿卻過了一個星期才回電給小呂。

小耿在電話中顯得十分煩躁，心裡非常氣憤，語氣充滿指責：「不要再給我施加那麼多壓力！我還沒有決定是否參加會議。我並不想和你爭執，但看起來你很想。」

小呂被小耿突如其來的指責驚得目瞪口呆，他回應說：「小耿，我只不過想確認一下你是否打算參加這次會議，這樣我才能為你進行一些合適的安排。你為什麼這樣生氣？」

☆容易觸怒小耿的場景

小耿在電話中的強烈反應讓小呂大吃一驚，而事實上，小呂已經在無意中多次觸動了小耿的憤怒觸發開關。首先，小耿面臨的工作壓力非常大，而小呂卻沒有意識到這點。下面幾項有關這次會議的考慮尤其加重了小耿的心理負擔：如何在開會之前完成手中已經堆積如山的工作；如何負擔這次出差行程，

因為自己的預算已經超支；自己的胃病如此嚴重，這次會議如何成行。上面這些原因都讓小耿擔心自己能否參加這次會議，在還沒有做出決定之前，小呂的電話只會給他帶來更多的壓力。

小呂所留的三個語音訊息中，既沒有提到任何和這次會議相關的工作問題，也沒有詢問一句小耿的健康狀況，哪怕提一下「我希望你一切都好」，而小呂對小耿的身體情況非常瞭解。小耿覺得小呂這樣做意味著他根本不在乎彼此之間的合作關係，以及通過工作建立起來的友誼。

更為嚴重的一點，小耿已經開始懷疑小呂的動機了。在上次的專案會議中，小呂竭盡全力表現自己，向公司管理層和客戶傳遞自己比小耿有更大的影響力。小耿覺得小呂想在這個專案中掌握更大的主導權，而對於這種變化他們從未討論過。因此，小耿開始質疑小呂在彼此合作關係中的誠意，「小呂只不過想以他們共同的工作成果，作為自己的晉升的籌碼」。

通常情況下，**NT型人對別人是否擁有真正的權威非常敏感，同時還會質疑那些權威人物是否正當地使用了自己的權力，因此NT型人深怕有些人暗自濫用權力給自己或他人帶來傷害**。

在這個案例中，小耿最後爆發的憤怒並不是因為小呂直接表現出的那些行為，而是因為自己猜測的小呂內心潛藏的動機，儘管這些動機並不一定真實。NT型人崇尚和諧、友善的工作氣氛，因此小耿不斷掩蓋和壓抑自己的不滿，這些怒氣不斷積累，得不到及時釋放，終於在電話中爆發了，

NOTES：

容易觸怒探索 NT 型人的場景

- 壓力。
- 缺乏真誠。
- 缺少關心。
- 濫用權力。

直到這時小呂才意識到小耿的真實情緒。

☆小耿被觸怒後的反應

最初，在面對彼此的關係時，NT型人會逃避一段時間，因為這個時候憂慮以及猜測已經占據了他們整個身心。NT型人通常會一再分析形勢，以澄清事實，決定如何應對。這種透徹的分析過程卻摻雜著擔憂和自我懷疑，同時為了避免衝突，NT型人往往會不斷拖延採取措施的時間，有時甚至會放棄進一步行動。小耿盡可能地拖延與小呂的聯繫，因為他還沒有想好是否應該回電話，同時還在思考是否應該去參加那個會議。然而，小耿知道自己必須在會議之前給小呂回個電話，畢竟，不露面也不給半句解釋，實在不是妥當的做法。

在過度擔憂和分析之後，NT型人會懷疑對方懷有危險的動機。他們也會得出另一個結論：覺得自己沒有能力，或者權力和影響力不足以控制整個形勢。不管得出上述哪種結論，NT型人永遠都不會再去接觸對方。這並不是說，他們會忘記這個衝突，相反地，這件事情會長久地留在他們的腦海裡。

另外，有些NT型人在生氣的時候會立刻訴說，尤其是當對方正好站在面前。**通常，NT型人的反應強烈、快速，但是他們往往會把這些情緒埋在心裡。然而如果觸怒自己的人正好就在面前，他們也會本能地開始抱怨，思維敏捷、言辭尖銳**。由於NT型人富於直覺和洞察力，因此他們的評論往

NOTES：

探索 NT 型人被觸怒後的反應

- 可能採取退避的態度。
- 進行透徹的分析。
- 反應強烈。
- 內心不斷地猜測。

往直達問題的關鍵。但是有時**因為NT型人所說的內容傾向於直接反映他們內心的感受、想法或者外在行為，因此所發表的評論會完全偏離主題，反而離真相越來越遠**。

☆如何緩解與小耿的衝突

當NT型人感到痛苦、憤怒時，最好的策略是不帶有任何壓力地接近他們。NT型人在被負面情緒困擾時，往往會給自己很多壓力，這時一個簡單的交流建議在他們看來都是十分蠻橫的要求。內心強大的自我壓力和別人帶來的輕微壓力交織在一起，NT型人往往認為所有的壓力都來自外界，這是NT型人映射心理的部分表現，即把自己內心的感受歸因於外界發生的行為。

如果NT型人退避到一邊開始分析和處理自己的感受和想法，我們最好給他們留出足夠的時間。這時只需簡單地告訴他們：「我瞭解你的痛苦，我能感覺到有些事情發生了，你如果準備好了，請告訴我，我非常樂意和你交流一下。」但要記住，如果NT型人情緒非常低落，他們甚至也會把這種提議看作是一種壓力。

在NT型人做好交流的準備時，我們應該讓他們充分闡述自己的觀點、感受和推論過程。作為聽眾，我們應該自我克制，尤其是當NT型人將自己的感受歸因到某人或者某事上時，積極聆聽他們的訴說，顯得更加重要。NT型人的這種映射行為可能會表現為一種譴責，因為他們已經花費了很多時間糾纏於這些痛苦和感受，他們相信自己的見解完全正確地反映了現實。這時，如果我們反駁說「這都是你個人的猜測」，或者「事實並不是這樣」，情況只會更糟。正確的回應是「你這種看待事情的角度，對我很有啟發」，或者「如果我也那樣看待這件事，我的反應肯定和你相同」，這種方法認可了NT型人看待問題的角度，但沒有公開贊同他們的結論，卻拉近了與NT型人的距離，為進一步交流大開方便之門。

在與NT型人分享自己的看法時，我們應該表現出真誠和熱心。一般來說，當彼此之間存在緊張的衝突時，信任就會減退，這對NT型人來說尤其如此，他們往往把信任或者不信任的問題看作對話的基礎。**在交談時，NT型人不僅會注意對方所講的內容，還會判斷是否應該恢復彼此之間的信任，因此熱心、誠實、直率的行為表現對雙方的交流大有益處。然而，誠實固然重要，但在與NT型人的交流中，我們切勿指責他們，或者讓NT型人覺得交流會給他們帶來新的傷害**。

☆探索NT型人如何管理自己的情緒

◎預先告知：

在雙方的工作或合作關係確立後，強調一下哪些行為可能會觸怒自己。和新的工作夥伴坐下來，談一些輕鬆的事情，這對NT型人來說是一個很好的、實用的建議。在交談的最後，NT型人可以談一下雙方各自的期待，比如「讓我們談一談自己對雙方工作關係的期待，從而使合作有一個良好的開始」。談論的內容可以包括工作目標、角色分配、責任義務等。

在討論了上述話題後，NT型人可以引入有關哪些行為會觸怒自己的內容：「如果人們願意分享一下在工作中有哪些行為會困擾自己，肯定可以避免很多誤解。也許我們可以根據以往的經歷談一下自己這

NOTES：

如何緩解與探索 NT 型人的衝突

- 在 NT 型人退避的時候給他們空間。
- 讓 NT 型人充分表達自己的感受。
- 認可他們的看法。
- 做到熱心、真誠。
- 重建信任。

方面的情況，這樣我們的合作也會更加順利。」

在分享相關資訊時，NT型人可以告訴對方：「我最大的問題在於不知如何應對外界壓力，比如，不停打電話確認進度。同時，由於內心已經給自己施加了很多壓力，所以外界的壓力往往會給我帶來雙倍的緊張感。」

◎即時回饋：

在合作關係開始後，如果意識到自己被對方觸怒，NT型人應該立刻告訴對方。一旦雙方同意在憤怒產生的第一時間進行交流，就沒有必要再考慮究竟由誰發起對話。**應該記住的是「衝突程度越低，越容易補救」。通過分享自己的感受，再加上有效的對話，NT型人一定可以和對方建立起友善、忠誠、協調的互動關係。**

◎及時釋放：

在感到自己已經開始顯露出憤怒情緒時，NT型人不妨進行一些身體上的鍛鍊或者出去走一走。散步以及其他一些運動可以撫慰NT型人的焦慮，使他們高漲的情緒平靜下來。**在被觸怒時，尤其是怒火爆發的時候，運動鍛鍊可以幫助NT型人把注意力轉移到自己身體上，而不再過分關注思維和情緒**。運動，尤其是戶外活動可以帶給人們放鬆和自由的感覺。NT型人在放鬆的狀態下，通常可以找到新的視角來思考問題，同時能夠面對和處理潛在的困難。

◎自我反省：

當感到被觸怒時，NT型人可以試著回答以下問題：「我對所處環境或者同事行為的反應，是否說明自身存在的一些問題？自己在哪些方面需要做出改善？如何處理自己的情緒才能塑造最佳的自我？」

像SJ型人一樣，絕大多數NT型人人渴望從生活的多個角度了解自我。**然而對NT型人來說，在思考上面這些問題時，應該避免過度分析自我，只需簡單地觀察內心的活動和反應即可。**NT型人不僅要特別注意自己的反應所包含的內容，而且需要觀察自己反應的進展過程。比如，一個憤怒的NT型人往往會關注那些包含忠誠、信賴、可靠、權威或者其他要素的事件。通過觀察自己的反應過程，NT型人可能會意識到，每次自己的情緒開始上來時，注意到的都是那些會給自己帶來相同感受的事情，因此自己的憤怒才會不斷累加以及最終爆發。

NT型人還可以更進一步，考慮一下為什麼自己總是預想到最壞的結果並開始進行準備工作。所有重複的行為都只有一個目的，儘管這個目的在最開始還不是非常明確。NT型人可以詢問自己下面的問題：「預想最壞的結局在我的生活中發揮著什麼樣的作用？我總是把負面事情的發生歸因到別人身上，潛在的動機是什麼呢？為什麼忠誠對我來說如此重要？保持忠誠可以避免哪些感受和哪些事情的發生？儘管我專注於相信他人，如果我開始更多地關注自己、信任自己，會有什麼不同？」

探索NT型人要記住：**揭開矛盾比掩蓋衝突更能加深彼此的信任，反省自己比要求別人改變要簡單得多。因為憤怒得越久，裂痕就越大，我們也會為此付出更大的代價。**

◆策略7：控制情緒，迂迴解決衝突

小曹，分析SJ型人，一家大型家用電器集團小家電業務的市場企劃主管，剛剛和同事小韓成功地完成了一次商業模擬演練。她們坐下來開始對剛剛的會議進行檢討，除了出色與成功的一面外，還討論了需要改進的地方以及後續需要做的工作。在所有事情完成後，她們把身體靠在椅背上，享受著難得的放鬆。小韓依然沉浸在成功的喜悅中，她開始強調自己覺得最完美的演示部分：「這部分真是一個挑戰，我特別欣賞那時的表現」等。

小曹開始沉默了，她的肢體語言也迅速產生了變化，下唇緊咬、身體更貼近椅背、胳膊緊緊地環繞著身體，所有這一切都顯露出她在生氣。

是什麼讓小曹這麼焦躁不安？小韓很困惑，她嘗試著讓小曹說出心煩的事情。幾分鐘後，小曹突然氣急敗壞地對小韓大喊：「你在吹牛！剛剛演練的最後一部分你沒有按照我們的計畫進行。還有就是，誰給你的權力讓你在會議中表現得像個領導者？」小韓被小曹突如其來的質問驚得目瞪口呆，不知所措。

☆容易觸怒小曹的場景

儘管SJ型人經常評判和批評他人，但同時對來自別人的指責也非常敏感。小曹把小韓的評論看作是一種自鳴得意的表現，對於小韓一句也沒有提到她的貢獻感到特別惱怒。在小曹看來，小韓沒有給予她積極的評價，這形同於對他的批評。小曹感到被忽略了，心中開始產生憤怒，一股無名火油然而生。

預演過程中發生的一些事情已經讓小曹感到不滿了。小韓在會議中間擅自改更議事日程，討論了一些不屬於計畫範圍的內容。儘管小韓這樣做只不過是為了回應客戶的問題，但在崇尚流程和規則的小曹看來，簡直是不懂規矩的表現：「為了迎合客戶，居然把我們費盡心血制訂的計畫拋在一邊，不能堅持到底地執行，這太讓人氣憤了。」小韓擅自改變計畫的行為令小曹困擾。

最後導致小曹不斷積累的憤怒終於爆發的原因，也是她最不願意提及的問題，就是她覺得小韓在演練和以後的討論中顯得過於武斷，太過自信。雙方本來約定在演練的時候平等地承擔各自的工作責任，而小韓卻破壞了這一切：獨自回答了絕大部分提問，過分地顯示出自信，像個領導者一樣對自己指手畫腳。小曹內心覺得小韓的行為就像她才是這次預演的主導者一樣，自己則像她的一名助理，這深深地觸怒了小曹。

看到小曹如此心神不安，小韓被嚇得目瞪口呆，因為她一直都覺得，只要這對預演有利，雙方都有發表觀點、回答問題以及改變計畫的自由。

NOTES：

容易觸怒分析 SJ 型人的場景

· 被批評時。
· 對方的不能堅持到底。
· 別人單方面改變計畫。
· 感覺被欺騙。

☆小曹被觸怒後的反應

SJ型人在被觸怒後，他們會變得充滿憤慨，覺得一切都讓人討厭和煩心。在這種情況下，SJ型人可能會有以下三種表現：要麼和對方說點什麼，要麼通過肢體語言表達自己的不快，要麼把憤怒深深地埋藏在心裡。

如果SJ型人在感到心煩意亂的時候決定和對方說點什麼，他們往往採取以下方式來表達自己的不滿：

SJ型人可能會非常快速、簡短地評論對方所做的事情，結果往往另一方感到不知所措，像是突然被人打了一巴掌一樣。或者，SJ型人可能採取旁敲側擊的方式，對他們認為對方做錯了的別的事情進行指責；對於這種指責，另一方更會感到莫名其妙，大吃一驚。

另外，SJ型人也會通過尖銳的嗓音、緊張的肢體語言等非語言因素來表達自己的痛苦情緒。在這種情況下，對方能夠感受到SJ型人的不滿，但卻不明白他們生氣的原因。上面的案例中，在商業模擬演練後的閒聊中，小韓已經感受到小曹在生自己的氣，這都是通過小曹的非語言行為流露出來的。小韓嘗試著讓小曹說出原因，當聽到小曹的回應後，小韓才明白她為什麼對自己存在敵意。

NOTES：

分析 SJ 型人被觸怒後的反應

· 發表簡短的言論。
· 針對別的事情進行譴責。
· 一些非語言表達暗示了 SJ 型人在生氣。
· 什麼也不說。

☆如何緩解與小曹的衝突

儘管絕大多數SJ型人願意直接解決衝突，但更多的時候他們傾向於避免衝突的發生。這是因為SJ型人通常會努力進行自我控制和自我管理，而直接處理讓人憤怒的事情和衝突，很可能導致一方或者雙方喪失控制自己情緒的能力。另外，相對於憤怒而言，SJ型人通常更容易感到怨恨，因為他們認為「暴怒」和「痛恨」都是一些不好的情緒，應該加以克制。**因此在直接表現自己的憤怒之前，SJ型人需要清晰地確認自己的這種情緒是「應該的」和「正當的」**。

下面介紹的兩種方法都可以有效解決和SJ型人之間的衝突。第一種方法：如果衝突的強度較低或者屬於中等水準，比如衝突持續的時間比較短，SJ型人看起來也不是非常激動，那麼我們最好儘快採取解決問題的方法。首先，我們要獲得SJ型人的合作，在他們認可有問題存在的前提下對談話進行一些小小的規劃。一個真誠的建議：「我想究竟有什麼事情讓你這麼困擾，你有時間可以和我談一下嗎？」就可以帶給SJ型人心理上的寬慰，讓他們瞭解談話的主要目的在求同存異、尋找事實，而不直接面對面地對質。其次，我們可以將對話的時間稍稍推延，留出足夠的時間讓SJ型人思考自己憤怒的根源究竟是什麼。真正的談話開始後，SJ型人通常喜歡對談話進行一些小小的但並不過分的規劃，比如給每一方十五分鐘講述一下自己的感受，**因為沒有經過任何規劃的正式談話會讓SJ型人覺得雜亂無章、太過冒險。這時，我們應該積極回應，配合他們的行動**。

第二種方法：在問題剛剛出現時就立刻坐下來解決它。這種方法適用於衝突比較激烈的情況，因為問題已經非常明顯，衝突有進一步擴大的風險，必須立刻處理。第一步，就是要坦率地告訴SJ型人：「你看起來非常心煩，一定有什麼事困擾著你吧，能跟我說說嗎，希望我能幫到你。」讓他們不受打擾地先講出自己的感受，這對於解決問題至關重要。如果SJ型人願意直接表達自己的憤怒，這說明他們在分享感受的時候希望獲得一些幫助，從而讓自己感覺舒服一些。這個時候我們要趁熱打鐵，抓住時機對SJ型人說一些鼓勵的話：「我不知道這樣的行為會影響到你，你能說出來太好了。」這樣他們可能願意分享更多的內心感受。**把自己的想法和情緒全部說出來以後，SJ型人會變得非常坦率、放鬆，他們能夠全心投入到對話中，更能積極地接受和回應對方所說的內容，增加了解決衝突的可能性**。

在和SJ型人談話時，儘量不要使用批評式的語言，因為別人的評價或者指責往往會啟動SJ型人內心的挑剔本性。一般情況下，SJ型人往往會對自己提出很高的要求，他們對自己的嚴苛程度遠遠超過對待他人。在討論和解決衝突的過程中，如果SJ型人開始變得自我防衛，他們不僅會逃避別人的批評，也會逃離自我指責。這些對衝突的順利化解都非常不利。

☆分析SJ型人如何管理自己的情緒

◎預先告知：

在雙方的工作或合作關係確立後，可以強調哪些行為可能會觸怒自己。除了上述可能觸怒SJ型人的行為，SJ型人還可以根據自己的情況增加相應的內容，並詳細解釋每種行為的含義，以幫助別人理解。比如，「不能堅持到底」可能包括多種情況：無法遵守長期承諾，不能立刻完成任務，或者是二十四小時內沒有回覆等。

◎即時回饋：

在合作關係開始後，如果意識到自己被對方觸怒時，SJ型人應該立刻告訴對方。SJ型人可能在還沒有意識到自己真實的感受時，就已經通過行為暴露了一切，比如一段急促的話語。SJ型人可以根據「分析SJ型人被觸怒後的反應」一節中的內容來判定自己是否陷入了困擾的情緒，然後思考具體是什麼擾亂了自己的心情。另外，**SJ型人挑剔的反應往往會通過一些非語言行為表現出來，因此SJ型人在和他人討論自己的憤怒時，肢體語言儘量保持中立，最起碼不要過於強烈，這樣對方才會更專注於自己所說的內容，而不是被SJ型人無意識中表現出的非語言行為吸引，造成更大的誤解。**

> NOTES：
>
> **如何緩解與分析SJ型人的衝突**
>
> - 採取解決問題的積極態度。
> - 給SJ型人時間好好梳理自己的情緒。
> - 對談話進行一定的準備和規劃。
> - 首先讓SJ型人說出自己的想法。
> - 不要使用批評式的語言。

◎及時釋放：

在感到自己已經開始顯露出憤怒情緒時，SJ型人不妨進行一些身體上的鍛鍊或者出去走一走。對SJ型人來說，這一點尤其重要，因為這樣他們又能重新思考一下自己的感受，更容易發現自己憤怒的深層原因，而且有些原因和自己的情緒甚至沒有任何直接的聯繫。

◎自我反省：

當感到被觸怒時，SJ型人可以試著回答以下問題：「我對所處環境或者同事行為的反應，是否說明自身存在的一些問題？自己在哪些方面需要做出改善？如何處理自己的情緒才能塑造最佳的自我？」

對自己行為的過度探究往往會導致很多SJ型人開始轉向自我挑剔，如果這種行為得不到遏制，就會從自我挑剔擴大到挑剔他人，因此SJ型人最好進行一些更為開放的思考。SJ型人可以通過多個視角，猜測其他人會怎麼看待這個困擾我們的環境。比如，可以詢問自己下面這個問題：「有三個我很瞭解和尊重的朋友，他們的性格各不相同。面對這個讓我煩惱的情形，他們各自會作何反應？我能學習到哪些東西？」

SJ型人喜歡壓抑自己的憤怒情緒，但是他們的這種感覺並不是永遠都不需要宣洩，經過一段時間的積累，一件小事都可能觸動他們那敏感的神經，那些潛伏在心頭的怒氣就會像火山一樣突然爆發。因此SJ型人應該時刻關注自己這個特點，同時思索一下究竟什麼才是導致自己憤怒的真正原因。

SJ型人的憤怒可能會和一些更深層次的因素聯繫在一起，比如總覺得自己「做得不夠完美」，或者別人不像自己這麼努力卻能僥倖成功等。其他導致SJ型人憤怒的因素還可能源自他們控制周圍環境的願望；或者喜歡「比較和將人分類」的習慣，比如誰的回答正確、誰的行為最恰當，以及誰最勤奮、誰是最完美的人等。在和他人比較的過程中處於下風，往往是導致SJ型人憤怒的真正的、內在的原因，認識到這一點，SJ型人才有可能進行深刻的自我反省。

◆策略8：把憤怒藏在心裡，逐步釋放不滿

阿蘭是一家大型網路上市集團的副總裁兼首席財務長，協作SJ型人，公司最近雇用了一家知名的會計師事務所，來處理過去兩年來非常混亂的財務記錄。保存精準的財務記錄和財務報告對上市公司來說非常重要，但同時也是一項令人生畏的任務。作為公司的首席財務長，阿蘭需要明確這家會計師事務所的任務、角色和責任等問題。

三個星期過去了，阿蘭花費了大量時間，逐步和這家會計師事務所的高級合夥人小魏建立了積極的工作關係。儘管這家事務所最初的工作成果不盡如人意，但是阿蘭依然充滿信心，相信自己和小魏之間和諧的關係可以幫助她們順利解決這些和工作相關的困難，而這些困難都是初次合作不可避免的。

一次，在公司高級主管會議上，大家一起討論這家新會計師事務所的問題，阿蘭肯定了小魏和她的事務所這段時間的工作，同時還提出了一些解決財務問題的方案。在會議中場休息的時間裡，一位高級主管與阿蘭閒聊：「阿蘭，你真的五十歲了嗎？」

阿蘭感到非常震驚，她反問對方：「你從哪裡聽來的？」那位高級主管回答：「小魏告訴我的。」阿蘭非常生氣：「她幹了些什麼？那應該是我們兩人之間的談話。」瞭解到小魏洩露了這個

「秘密」後，阿蘭收回了對她以及這家事務所的支持。不到一個月，公司便終止了和這家事務所的合作關係，並雇用了另一家會計師事務所。

☆容易觸怒阿蘭的場景

在瞭解到小魏向同事洩露了自己年齡的那一瞬間，阿蘭感到震驚，她對小魏的信任感完全消失。大多數人對自己的個人隱私都非常看重，無論是男性還女性，尤其是在激烈的職場環境中，一個小小的隱私可能引發自己的職場危機，但他們的反應不會像SJ型人這樣強烈。

像絕大多數SJ型人一樣，阿蘭小心地捍衛著自己的隱私。個人資訊，比如年齡、婚姻狀況、身體狀況，對SJ型人而言都是個人隱私。

在一次和小魏的交談中，由於她問到了自己的年齡，阿蘭為了進一步增強她們之間的和諧關係便告訴了她。當知道小魏把自己的隱私告訴別人時，而且還是自己公司的同事時，阿蘭非常憤慨。作為一名職場女性，阿蘭非常注意自己的形象，由於善於保養，阿蘭看起來比實際年齡年輕，她不願意讓人知道自己的年齡，是怕別人對自己的態度有所改變，這是令她憤怒的部分原因。

問題還不止這些，關鍵是洩露SJ型人的隱私之後，他們就再也不會信任你了。

這件事過後，無論任何時候談論起小魏的事務所，阿蘭都會想起她洩露自己年齡的事情。雖然小魏的事務所在工作上的表現非常不好，但在阿蘭看來，這些都能容忍，可以通過建立工作流程和規範來改變。但是阿蘭卻不能漠視對信任關係的破壞，她堅持認為侵犯隱私才是最嚴重的冒犯。對阿蘭來說，自己的怒火已經接近爆發的邊緣。

令阿蘭生氣的不僅是自己的隱私被洩露，小魏不慎重的言行也讓她非常震驚。

如果小魏事先讓阿蘭得知自己會在不經意間把她的年齡告訴別人，阿蘭即使不開心，但最終會原諒小魏。然而，阿蘭卻在一個半公開的場合，從同事口中得知小魏犯下的錯誤，而對方還是一個自己永遠都不可能與其分享年齡秘密的人。「她是事務所的高級主管，卻這樣沒有專業精神，她都這樣，那麼其他會計師說不定會做出什麼事呢！」阿蘭全無防範，越想越生氣，她的憤怒加倍，幾乎要爆發了。

阿蘭現在可以給小魏貼標籤了：不專業、毫無職業道德、缺乏責任心、信口開河、不誠實、不值得信任。儘管她從來沒有明確告訴小魏不要洩露自己和她分享的一些個資，但是阿蘭認為她們之間存在一個無須言明的、彼此都應該遵守的「約定」：對彼此私人談話的一些內容要保守秘密。絕大多數SJ型人都只和自己信任的少數人分享一些私人訊息。因此，在得知小魏的所作所為後，阿蘭心想：「你不能尊重我的隱私，我還能信任你嗎？」

上面描述的事情足以讓阿蘭憤怒了，然而使情況更糟的是所有這些事情都發生在公司這個環境中。**SJ型人通常非常厭惡處在一個自己不能控制的環境中，這樣會讓他們沒有安全感。同時，如果工作壓力過大SJ型人也會非常緊張。**

因為公司目前的財務狀況非常混亂，身為財務長的阿蘭倍感壓力，才雇用小魏的事務所對這種狀況進行補救。阿蘭對小魏充滿了期望，希望她能幫助公司渡過這個難關。阿蘭本來認為通過建立相互尊重的工作關係，以小魏的積極態度和能力，再加上這家事務所的專業水準，公司的財務體系肯定能得到改善。然而，阿蘭現在不再信任小魏，失去了他人的幫助，公司財務這個可怕的複雜事務又落在了自己肩上，一想到這個巨大的壓力，阿蘭就感到惶恐和不安。在壓力下，SJ型人會遷怒到他人，於是憤怒愈演愈烈，終於爆發了。

NOTES：

容易觸怒協作 SJ 型人的場景

- 破壞彼此之間的信任。
- 突如其來的訊息使 SJ 型人感到驚訝。
- 不誠實。
- 不受控制的局勢。
- 工作任務過重。

☆阿蘭被觸怒後的反應

當SJ型人被觸怒時，他們經常什麼也不說，但是憤怒的情緒會一直留在記憶中。SJ型人也可能會巧妙地退縮，從那個冒犯自己的人身邊逃走。然而，人們一般並不會感覺到他們的退縮，因為即使在一個非衝突的環境中，**SJ型人也習慣於退縮到自己的內心世界中冥想，很少參與別人的事情**。

如果別人的冒犯過於嚴重，或者SJ型人心中的憤怒已經積累到一定程度，他們要麼全面退縮，要麼直接表現出自己的情緒。這種情況下的退縮是指他們什麼也不說，什麼也不做，離對方越遠越好，避免一切接觸。比如不參加會議、不回電話、不回電子郵件，或者比約定的時間晚到很長時間，卻不做任何解釋。

在退縮的情況下，SJ型人表現出的冷漠，掩蓋了他們內心活躍的、緊張的、複雜的心理過程。SJ型人會花幾個小時去猜測別人不恰當行為背後的異常原因，然後想像出多種不同的回應方式，其中一些方式非常具有攻擊性。SJ型人的行為表現和NT型人看起來非常類似：喜歡預先準備，儘量避免處理一些會引起焦慮的情形。然而SJ型人的過度分析和準備通常發生在負面結果發生之後，而不是之前。這時SJ型人高速運轉的心理活動就像一個小型法庭：法官、檢察官、受害人眾多角色集於他們一身。儘管每個人都傾向於相信自己的想法是正確的，排斥別人的不同意見，但SJ型人尤其如此，特別是在非常憤怒、痛苦的時候。

SJ型人還有一種不常見的表現：當面對觸怒自己的人時，會勃然大怒。在這種情況下，他們不再退縮，而是直接表達自己的感受和想法，**SJ型人在憤怒的時候能夠清晰明白地進行交流，所說的內容非常有力，很有說服效果**。這時他們會表現出SP型人的某些特徵。

☆如何緩解與阿蘭的衝突

SJ型人傾向把憤怒藏在心中。有時我們很難判斷出SJ型人是否處於心煩意亂的狀態，因此在第一時間感受到他們的退避或者冷漠，就應該設法接近他們。這樣SJ型人就沒有時間進行分析、假設和猜想，並作出負面結論，而是能夠更多聽取別人所說的內容。

我們應該儘量尋找一個私密空間，邀請SJ型人進行交流：「有沒有可能我們花半個小時討論一些問

NOTES：

協作 SJ 型人被觸怒後的反應

- 很少講話。
- 退避，但可能並不表現出來。
- 把情緒都藏在心裡。
- 怒氣積壓太久或者爆發的時候會表現出自己的憤怒。

題？」需要注意的是，我們應該讓SJ型人自己選擇交流的時間和地點。另外，SJ型人並不喜歡立刻討論相關問題，我們可以通過電子郵件、語音訊息或其他工具和SJ型人約定會面的時間，這樣既不會過於突然，又可以避免因為面對面提出要求讓SJ型人感受到壓力。這些非直接的邀請方式使SJ型人無須隱藏自己最初的反應，但是如果第一次提議沒有得到他們的回應，我們可以在幾天內陸續發出一次或者兩次邀請，以得到SJ型人的關注。

三十分鐘的會面對很多人來說可能過於短暫，但是卻能讓SJ型人覺得安心，因為他們並不願意長時間進行緊張的情緒交流。如果第一次討論進展不錯，SJ型人通常會主動延長會面時間或者重新約定下次見面的時間。

在第一次會面時，我們應該鼓勵SJ型人講出問題的起因，分享內心的感受和想法。我們可以採取含蓄但清晰的交流方式。直接的方法，比如「你看起來很生氣，我想知道為什麼」可能有效，但也可能造成反效果，使SJ型人變得更加疏遠。含蓄一點的方法應該更好，比如「我希望你能同意和我談一下你心中可能存在的想法」，如果SJ型人回應說自己沒有什麼想法，我們可以列舉出一些他們的行為表現來支持我們的觀點，比如「我發現你不再像以前那樣經常徵求我的意見」，可能會讓SJ型人更加坦率一些。

交流一旦開始，我們要注意聆聽，同時對SJ型人花費時間所講情況的事實予以認可，雖然我們並不一定認可他們的觀點，但卻肯定了他們敢於訴說的精神。這種方法以一種預設的方式使SJ型人敞開心扉，把內心深處的一些情緒排解出來。

前面介紹過，SJ型人也可能會直接表達自己內心的真實感受。這種情況下，我們一定要表現出欣賞他們這種做法的態度SJ型人這樣做要麼是在冒險，目前這個時刻完全按照自己的感受行事；要麼過於憤怒，無法像通常那樣退避到心靈深處，儘量控制自己的情緒。當SJ型人看起來陳述完了自己的想法時，我們也可以提出簡單的要求，比如「請再多說一些，這樣我才能完全理解」，往往可以鼓勵SJ型人分享更多的想法。

SJ型人不管是採取退避的方式，還是進行坦率的交流，他們都強烈地希望對方能給自己留出足夠的空間，尤其是在面對衝突問題的時候。比如對其他類型的人，交流的雙方最好保持三十到四十五公分的空間距離。但對SJ型人來說，這種距離最好加大到四十五到六十公分；在SJ型人面臨巨大壓力時，則需要延伸到六十到九十公分。同樣地，**SJ型人不喜歡多餘的身體接觸，在感到煩悶的時候更是厭惡對方的這些舉動。**

SJ型人在充分表達了自己的感受之後，通常能夠聽取對方的觀點。這時我們應該採取理性的方式陳述事實，同時講述自己的感受，效果一般不錯，需要注意的是不要讓交流變得過於激烈。在交談最後，應該得出一個雙方認可的解決方案，這個解決方案應該是實用的、具體的，經過雙方協商通過的。另外，解決方案的提出也能向SJ型人保證他們不會再經歷類似痛苦的事情。

NOTES：

如何緩解與協作 SJ 型人的衝突

- 事先告知 SJ 型人，想和他們進行交流的願望。
- 讓 SJ 型人自己選擇交流的時間和地點。
- 為第一次交談設定清晰的、雙方認可的期限。
- 首先讓 SJ 型人講述自己的感受和想法。
- 給 SJ 型人留出充裕的物理空間。
- 面對問題保持理性的態度。
- 注意情感表達不要過於強烈，以防 SJ 型人產生壓迫感。

☆協作SJ型人如何管理自己的情緒

◎預先告知：

在雙方的工作或合作關係確立後，強調一下哪些行為可能會觸怒自己。在工作關係確立的早期採取這種方式進行自我釋放對很多SJ型人來說是一種壓力，但這種方式的確有很多優點。

SJ型人完全可以這樣措辭：「我們可以交流一下如何讓彼此的合作更加有成效。有一些事情對我來說非常重要，比如工作經過認真的安排，一切都在控制中，另外，我不喜歡意外事件的發生。所謂意外事件，是指那些不必要的、最後才提出的要求，以及在我已經有了別的安排後，卻要求我增加工作時間。在合作的過程中，我希望彼此之間都能及時告知對方那些能使公司或者專案運轉更加順利的資訊。」

◎即時回饋：

在合作關係開始後，如果意識到自己被對方觸怒，SJ型人應該立刻告訴對方。這種方法可以最大限度地降低給彼此之間可能造成的意外驚嚇。在關於工作方式的最初交流中，SJ型人應該記住：在合作過程中一旦發生不愉快就立刻進行交流，比如「讓我們在不開心的事情發生當下，就講出自己的感受，這樣我們的合作就能一直會有成效」，通常都能得到對方肯定的回應。

有了這樣一個約定，哪怕發生的是一件很小的事情，雙方也可以立刻交流彼此的感受。另外，不要把這種做法當作是對別人的侵擾，因為你們彼此之間已經有了約定。但對SJ型人來說很重要的一點是：**首先需要確認的確有某些事情困擾了自己的情緒，在認為自己想法正確的情況下，再言之有物地和對方交流**。

◎及時釋放：

在感到自己已經開始顯露出憤怒情緒時，SJ型人不妨進行一些身體上的鍛鍊或者出去走一走。為了分散自己的情緒，遠離衝突的另一方，SJ型人可能採取不同的方法。比如，有些SJ型人不再從胸腔處深呼吸，而是從脖頸處急促地呼吸；或者把全部的注意力集中在自己的感受上，思緒翻飛；也可能開始對發生的讓人痛苦的事情進行分類，把它們歸入不同的精神範疇。

不管SJ型人採取何種方式，都會不可避免地導致身體和心靈的暫時分離，這時進行一些運動通常能在精神和身體之間重新建立聯繫，因為我們的情緒通常與身體的某些感受保持一致。

◎自我反省：

當感到被觸怒時，SJ型人可以試著回答以下問題：「我對所處環境或者同事行為的反應，是否說明自身存在的一些問題？自己在哪些方面需要做出改善？如何處理自己的情緒才能塑造最佳的自我？」**絕大多數SJ型人都渴望獲取知識和理解，因而這種自我發現的方法對他們非常適合**。回答上述問題的關鍵是要保持感性和客觀的態度：**所謂感性的一面是指探究自己內心的感受，將感受和自己的想法置於同樣重要的地位；而客觀是指SJ型人不僅要從自己的角度，同時還必須從別人的角度來觀察自己**。SJ型人可以問自己一個問題：「我知道作為SJ型人的我會有這種反應，那麼其他性格類型的人會有什麼不同看法呢？我能從別人的觀點中學到什麼嗎？」通常，這種自我發現的方式可以說明SJ型人瞭解到自己逃避情感生活、逃避他人、逃避自己內心體驗的一面。這對SJ型人進行更為深刻的自我反省會有巨大的幫助。

3 提升自己的情緒管理能力

絕大多數的人際關係，不管是工作關係，還是私人關係，在最初開始時都洋溢著對未來的美好希望和人們心中各自的善意。即使是一開始就比較困難和緊張的關係，比如，一個聲譽令人懷疑的人擊敗了公司中其他候選人或者合作者成為新的老闆，很多人也會努力使這種關係朝著好的方向發展。

◆情緒管理的意義

在工作關係剛剛確立之初，人們總是竭力控制自己的負面情緒，彼此很少發生衝突，因為大家都想給對方留下一個印象，發展一段良好的人際關係，並逐步適應不斷變化的工作環境。然而隨著時間的流逝，當一方無意識冒犯了另一方後，人們的情緒會不由自主地失去控制，這時「憤怒觸發開關」開始運作，人際衝突便不可避免地發生了。就像本章前面介紹的那樣，這些困擾或者痛苦通常都是和我們的人格類型有關的。（圖二十二）

每次憤怒的感受都是一個早期的警告訊號，預示著未來可能發生的關係危機。如果在建立關係的早期我們從沒有交流過彼此在未來期望方面存在的差異，那麼心中不斷積蓄的怒火將不可避免地最終爆發。因此，**我們應該儘早交流這方面的內容，這樣在對方情緒不滿的時候，我們就能選擇和控制自己的言談舉止**。一旦憤怒堆積到要爆發的階段，人們緊張的情緒和感受會更加高漲，需要處理的問題會更多，整個形勢也更加緊迫、充滿危險。由於這些因素，控制和管理自己的情緒、解決衝突就變成了每個

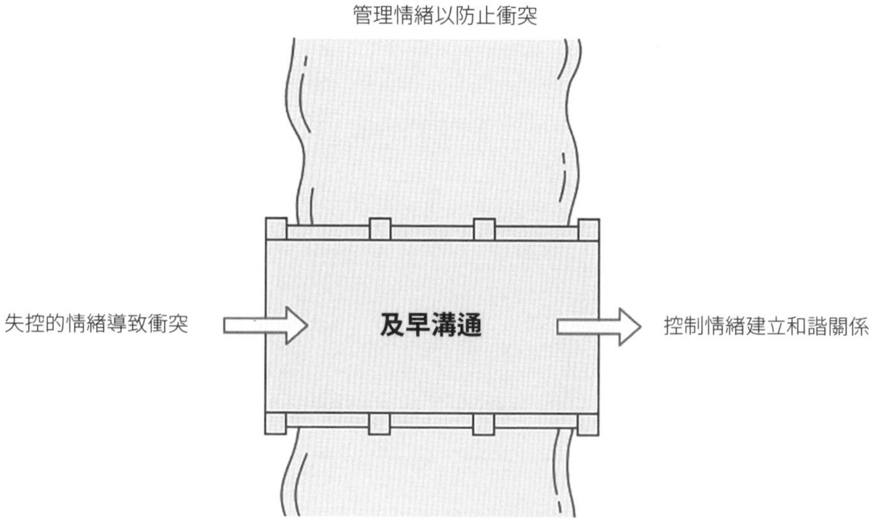
管理情緒以防止衝突
失控的情緒導致衝突
及早溝通
控制情緒建立和諧關係

圖二十二　情緒管理的意義

人必須面對的一項更加艱巨的任務。

◆人格類型在情緒管理中的功效

儘管ＭＢＴＩ人格類型之間的差異並不是企業中人際衝突產生的唯一源泉，但卻是衝突產生的最根本原因，是解決衝突的重要突破口，決定著衝突解決的動態發展過程。我們應該以人格類型為基礎，然後認真地識別和討論企業內部的一些因素，比如，職業角色、資源配置、行為預期、企業文化和權力的使用等，這樣才能有效解決衝突。

對ＭＢＴＩ人格類型理論是否充分地理解，在一定程度上決定著衝突是否能夠有效解決：如果一方對自己在解決問題時應該承擔的責任認識得很透徹，而且傾向於進行有效的情緒管理，再加上通過對ＭＢＴＩ人格理論的應用，而知道如何接近另一方，那麼我們就會快速、有效地解決衝突。（圖二十三）

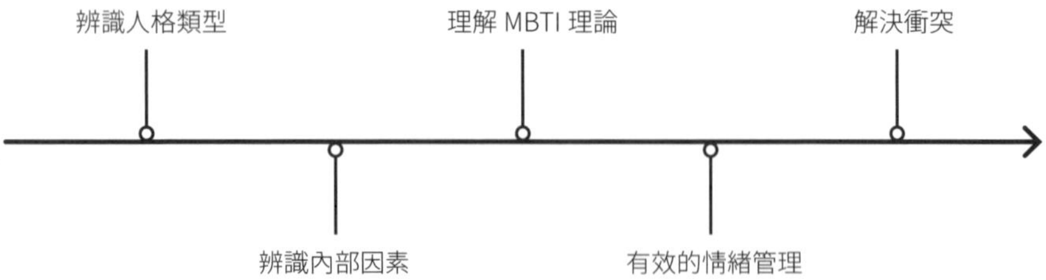
辨識人格類型
理解 MBTI 理論
解決衝突
辨識內部因素
有效的情緒管理

圖二十三　MBTI 人格類型與情緒管理

◆有時需要第三方的介入

有時衝突無法避免，並且單單依靠牽涉其中的各方也無法得到解決，這時我們就需要第三方的介入和說明。下面就是一些這種類型的例子：（圖二十四）

- 充滿危險的衝突。比如，衝突的一方面臨失去工作的危險。
- 持續很長時間的衝突。
- 衝突各方的級別顯著不同。
- 衝突涉及的人數比較多。
- 衝突中的部分或者全部人員都沒有充分控制情緒以有效解決問題的能力。

第三方可以是公司的人力資源部、組織內負責聽取搜集意見的部門，或者公司內部或外聘的專業人員和諮詢師，還可以是公司裡的其他人，比如各級管理者。無論哪種角色，重要的是這個部門或這

衝突類型
強烈的衝突
充滿危險的衝突
持續很長時間的衝突
級別顯著不同的衝突
人數比較多的衝突
衝突解決中的第三方介入
第三方角色
公司人力資源部
內部或外聘專業人員
其他管理者

圖二十四　第三方介入，以解決衝突

個人要具有擔當這種職責所必需的能力，同意保守秘密，並且被衝突各方接受。

◆感同身受地解決衝突

不管衝突的情形有什麼不同，我們都要以一顆憐憫、感激的心來處理和解決問題。這樣不僅可以達成積極的結果，還可以幫助涉及的各方成長和發展。

這裡提到的憐憫並不是指居高臨下的同情或者柔情，我們應該這樣理解它：**對方很難控制自己的感受、情緒、想法、反應和行為，我也一樣，這些情況對我們來說具有相同的挑戰性**。

比如，NT型人因為SJ型人的吹毛求疵而感到困擾，但是如果NT型人能夠想到SJ型人追求完美的本性就像自己總是關注穩定一樣，他們的憤怒和煩躁就能轉變為憐憫和理解。

肯定每種人格類型的行為非常重要，尤其是在發生衝突的過程中，某種人格類型的人做了一些自己最怕實施的

提高效率 通過減少人際問題來提高生產力	**解決分歧** 積極解決衝擊和分歧
和諧的工作環境 創造一個平靜和諧的工作場所	**增強合作** 團隊之間更好的合作和理解

圖二十五　懷有同理心以解決衝突

行為時更應如此。

我們要在自己排除困難、處理內心的情緒時，給自己一些肯定和進一步的鼓勵。如果每個人都能為自己的行為勇敢承擔責任，那麼衝突的各方，包括團體本身，都會獲益良多。因為：（圖二十五）

- 積極處理不同人之間的分歧，問題就能得到解決。
- 我們彼此之間會更加合作，精力都集中在工作上，而不是像以往那樣，只關注複雜的人際關係。
- 工作氛圍和環境會更加和諧。
- 工作會更加有效率。

第九章　天賦稟異的領導風格

每一個人受其特性影響，都有其天賦不同的領導風格。卓越的領導力可以多種形式呈現，它並不專屬於某種類型的人。然而，每種類型的人通過努力，都有可能成為適合自己天性的領導者，都具備成為卓越領導力的優勢。

1　性格領導力真的很重要

根據研究，管理的失敗往往來源於控制情緒能力的缺乏。因為領導者所面臨的情緒問題是複雜的，也是苛刻和不可預知的，充滿了無窮的變數；但也是令人興奮和有益的，它要求無論在充滿壓力還是令人愉快的環境中，**領導者都要具備自我管理以及和團隊成員有效交流的能力**。因此，領導者必須花時間進行坦白的自我反省，換言之，**就是要不斷地「反省」，在自我否定和自我肯定中不斷精進領導天賦，實現「領導力的蛻變」，最終使技術和技巧型的領導才能，成功蛻變為技藝型的「領導藝術」**。那些成為非凡領袖的人，無論是國外的傑克·威爾許、路易·郭士納、喬治·索羅斯、華倫·巴菲特，還是國內的郭台銘、張忠謀和施振榮，他們在面對一些事先無法預料的挑戰時，全力以赴地應對，並在這個過

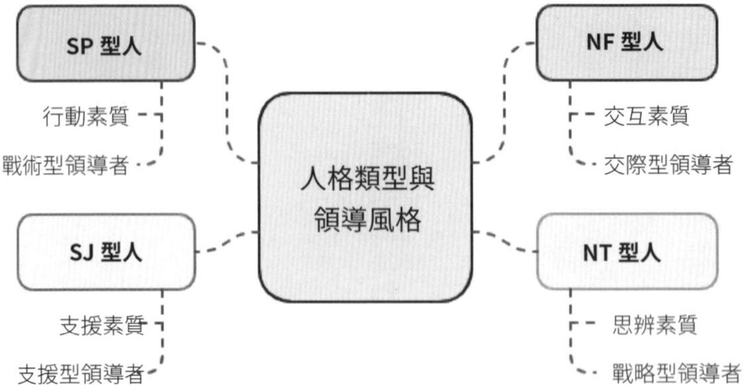
SP 型人
行動素質
戰術型領導者
NF 型人
交互素質
交際型領導者
人格類型與
領導風格
SJ 型人
支援素質
支援型領導者
NT 型人
思辨素質
戰略型領導者

圖二十六　不同人格類型的領導風格

程中，讓自己的領導力獲得了從量變到質變的成長。

卓越的領導力表現為多種形式，它並不專屬於某種類型的人。然而，每種類型的人通過努力，都有可能成為適合自己天性的領導者，都具備成為卓越領導力的優勢：（圖二十六）

SP型人具有行動素質，是卓越的戰術型領導者。

NF型人具有交互素質，是卓越的交際型領導者。

NT型人具有思辨素質，是卓越的戰略型領導者。

SJ型人具有支援素質，是卓越的支援型領導者。

但在領導力蛻變的過程中，也包含一些可能導致自己失敗的劣勢。

本章將介紹八種類型的領導者，並從四個方面描述領導力提升方案：

首先，是對「領導者的任務是什麼」這一問題的回答，答案來自於那些無意識中影響我們行為和認識的基本假設和理念。

其次，每種類型的領導者，在領導能力方面都會形成「長處和短處」，也就是領導優勢和劣勢。所謂劣勢，是指那些阻礙我們成功進行管理的因素。優勢和劣勢構成了每種類型領導者的領導風格和行為。

再者，分析每種類型領導者的領導風格和行為。同時介紹在什麼情況下，如果過度利用自己的領導優勢，優勢也可能轉變為最大的劣勢。

最後，提出三條改善每種類型領導者領導風格的建議。但這並不是說每種類型的領導者就只能具有自己獨特的能力，作為一名管理者，隨著職位和管理範圍不斷擴大，他們在發揮自己天賦能力的同時，必須有意識地去學習自己所欠缺的能力。比如SP型領導者應該學習戰略、交際和支持能力。

領導力是一種綜合性的能力，戰略、戰術、交際、支持是領導力的四種構成要素，只有平衡發展，我們的領導力才能趨向完整，這是一個艱辛但充滿快樂的過程。

◆策略1：推動團隊迎接挑戰，向前發展

主導SP型領導者的任務就是在自己果斷的帶領下，讓團隊中有才幹、可靠的員工各司其職，並賦予他們應有的權力，發揮團隊的整體優勢，推動團隊迎接挑戰，不斷向前發展。（表五）

☆領導風格

SP型領導者具有戰略眼光和捕捉市場先機的能力，喜歡挑戰新事物，善於解決糾紛和危機，他們崇尚權威的領導方式，喜歡支配，對控制權極度關注。

當SP型領導者發現團隊中某位成員很有才能，也願意提供支持和幫助時，SP型領導者可能創造出一

表五　主導 SP 型領導者的優缺點

領導優勢	領導劣勢
支持團隊成員成就自己	過於耗費心力
直接的	受控制的
自信、權威	苛求、粗暴
具有高度戰略性	對自己和員工的期望過高
克服阻礙	沒有耐心
果斷	專制、魯莽
精力充沛	如果員工的工作效率太低，就會非常生氣
保護下屬	如果員工不按預期行事，就會感到被愚弄和利用
推動專案向前發展	瞧不起軟弱的團隊成員

個值得效仿的團隊；也可能過度投入，消耗自己的精力，給員工和團隊帶來壓力，打造出一個充滿恐懼和壓力、敏感多疑、水準低下的團隊。

SP型領導者喜歡從事重要和利益最大化的工作，願意在具有挑戰、充滿危機、不確定和混亂的環境中創造新秩序。SP型領導者往往從大處著想，善於抓大放小，整合公司的不同部門、不同團隊，集合成具有戰略性的行動計畫。

SP型領導者能夠快速抓住市場的複雜性，願意參與競爭；如果需要，或者對實現目標有利，SP型領導者還會力排眾議，堅定果敢地對公司或團隊進行重新規劃，對員工進行重新培訓；對那些表現卓越的員工，SP型領導者也願意提供相應的獎勵，投入更多的資源進行培養。

如果公司的業務已經非常穩定，SP型領導者可能會有多種不同的選擇，要不是去發掘新的市場，迎接新的挑戰；要不然就是繼續在原有的崗位工作，順應穩定的工作環境，維持現狀，不再堅持自己的工作方式；再不然就是離開公司或原來的崗位，然後繼續前進。當然，SP型領導者最可能選擇具有挑戰性的新工作，至於維持和安於現狀，會讓他們很不舒服。

SP型領導者喜歡發號施令，提出具體要求，他們往往會樹立一個榜樣，然後希望團隊成員認真效仿。由於具有發現員工潛力的能力，SP型領導者絕大部分時間都會暗中為對方提供支援和機會。SP型領導者極富洞察力，他們喜歡獨自花時間分析自己和員工，會極力表現出自己的理解和支持，但是SP型領導者也堅持認為員工應該承擔起自己相應的責任，要「投桃報李，知恩圖報」，將自己的一切都奉獻給工作。

SP型領導者的這種優勢會適得其反，給員工帶來壓力和不滿情緒，破壞團隊的和諧。在不能控制形勢或者員工沒有按照預期主動投入工作的時候，SP型領導者就會感到非常失望、沮喪和憤怒，他們認為自己像是個白癡，有種被愚弄和被利用的感覺。

和其他類型的領導者相比，SP型領導者更容易感到沮喪，他們內心的感受和情緒也會更快地增強。儘管SP型領導者會努力抑制，但沮喪還是會演變成憤怒。因為在SP型領導者看似強大和自信的面具下，隱藏著一顆極度脆弱和敏感的心，一旦這種脆弱被啟動，自信就會變成憤怒和暴烈。這時，SP型領導者就會將這種失控的情緒無限放大，並將這種不滿投放到團隊每個成員身上，整個團隊瞬間會陷入混亂的狀態，管理危機就會出現。

SP型領導者的天性決定了他們很難隱藏自己強烈的情緒，不管是開會還是一對一的交流，他們都願意直接說出自己內心的感受。SP型領導者的誠實、洞察力、直爽、支配欲，加上沮喪、憤怒的情緒，會引發他們的怒火像火山一樣爆發。這種憤怒會使團隊成員感到被恐嚇和威脅，他們對SP型領導者的行為，或者暴怒不已，或者毫無防備，或者準備反抗，或者三種狀態交織在一起。一場可怕的團隊危機即將爆發，但SP型領導者卻毫無察覺，因為他正沉浸在自己的暴怒中而忘了團隊發生的變化。當然，這並不是SP型領導者的本來面目，只是情緒失控後的一種過激反應，事後他們也會產生罪惡感。但SP型領導者並不後悔，畢竟自己非常誠實。

SP型領導者討厭毫無防備的感覺，對於困難，他們強烈希望能夠事先得到預警，這樣才能採取有效策略，積極準備、應對障礙。SP型領導者希望自己的團隊成員都是有才幹的人，能夠在自己做重大決定之前提供明智的建議。當然，最後的選擇權和決定權依然在SP型領導者手中。SP型領導者欣賞那些直率、毫無保留、開誠布公的員工，同時也尊重那些堅強、獨立和自信的強者。SP型領導者在公司中也會堅持公平和正義，哪怕結果對自己不利也是如此。他們會給需要幫助的員工提供庇護，但同時也會瞧不起軟弱的員工。這聽起來有些矛盾，但卻是事實，區別在於員工是真的需要幫助，還是本來能夠保護自己卻由於軟弱而依賴別人的幫助，後者才是SP型領導者輕視的對象。這個問題揭示了SP型領導者粗線條外表下的內心，只有那些親近和人際關係敏銳的員工才能感受到SP型領導者內心的溫柔和敏感。所以，在企業中SP型領導者的最佳合作夥伴是對人際關係極度敏銳的NF型人和NT型人。

SP型領導者如果決定花時間在自己身上而不再為公司犧牲時，他們就會變得安靜、沉思。當SP型領導者放鬆時，他們的領導行為就會顯示出熱心、慷慨的一面。

☆成為卓越領導者

工作時永遠不要對團隊成員大聲吼叫。感到沮喪的時候，甚至並沒有針對任何特定個人的時候，切勿提高嗓門，大聲吼叫所換來的結果是員工的畏懼、不滿和厭惡，往往會使SP型領導者得不償失。

在責備團隊成員時要非常小心。當SP型領導者負責的事情沒有按計畫進行，或者沒有取得成功時，SP型領導者更要注意自己在團隊成員面前講話時的音量、提問的方式和安排工作的方法，不要讓員工感覺你是在責備，不是在推卸責任。被批評時，尤其是無端的批評，會使員工的自尊心遭受打擊，感覺被侮辱和輕視。導致員工不願再坦率交流，這對於有效解決問題是毫無幫助的。

要考慮團隊成員相反的觀點。SP型領導者每天都應該反省，考慮一個問題：「今天誰提出的什麼意見，很有道理，但我沒有接受，這是什麼原因造成的。」**SP型領導者要記住，當員工能坦率和真誠地向自己提出不同意見時，應該感到慶幸，這是員工接受和信任自己的表現。**

◆策略2：帶領團隊果斷出擊，實現目標

溫和SP型領導者的任務就是讓團隊成員在工作的時候充滿激情、敢於創新、勇於冒險，這樣才能為公司創造最新、最重要的商業機會。他們眼光敏銳，善於觀察周圍的一切，能從眾多商機中選擇利益最大的一種或者幾種，然後果斷出擊，實現目標。（表六）

☆領導風格

SP型領導者極富創造性，喜歡擁有多個選擇，因此他們總是朝著多個方向迅速前進，有時這種多選擇會使團隊成員感到疲憊、沮喪、無法集中精力。

表六　溫和 SP 型領導者的優缺點

領　導　優　勢	領　導　劣　勢
富有想像力	衝動的
充滿熱情、聚焦	精力不集中
好奇的	反叛的
積極投入	迴避痛苦的感覺
多任務處理能力	對他人的情感前後不一致
樂觀	對負面回饋意見反應過度
思維敏捷	對自己的行為極力辯護
可以接收完全不同的資訊	討厭平淡的生活

由於層出不窮的新點子、新方案、新冒險，SP型領導者可以帶領團隊達到無比的高度，取得巨大的成就。他們的思維就像是一個自動的聲音合成器，從多個管道、過去的經驗和新的發現中吸收各種想法。SP型領導者的熱情極具感染力，團隊成員都會聚集在SP型領導者周圍，充滿熱情地投入工作中，貢獻自己的力量。

SP型領導者也會為團隊成員創造一個緊張和忙碌的工作環境，儘管其他類型的領導者也能處理多個任務、想法和活動，但只有SP型領導者會連續不斷地這樣做，其他類型的領導者可能只是偶爾為之，不會頻繁這樣做。SP型領導者通常都會全身心地投入一件事情中，他們的熱情會不斷積累再積累，雖然SP型領導者可以長期保持異常高昂的狀態，但團隊成員可能會被弄得疲憊不堪。

SP型領導者的學習力很強，尤其對那些實現目標極為有利的知識和信息，SP型領導者總是能夠快速地將這些資訊大量吸收，然後馬上應用到實踐中。但他們通常意識不到以這種速度吸收和消化資訊，可能會錯過一些重要的內容；即使沒有，團隊其他成員也會認為SP型領導者沒有對相關資訊給予適當的重視。如果團隊成員認為SP型領導者尚未準備好，或者只瞭解部分情況，向他們提出重新評估訊息的建議，SP型領導者會感到這些評價並不公正、準確和客觀，立刻會產生煩惱、憤怒和厭惡的情緒。

SP型領導者往往非常享受被眾人簇擁、環繞和崇拜的感覺，但同時他們也有嚴肅的一面。

SP型領導者極度敏感，容易被一些事情深深打動。比如，在和一些痛苦、沮喪和造勢挫折的員工面對面交流時，SP型領導者的保護欲會被啟動，他們會認真聆聽、表示慰問，並提供一些創新的、有益的解決方法。

SP型領導者喜歡被團隊成員肯定，但對批評卻非常敏感，尤其是面對員工主動提出的一些負面批評意見。在被團隊成員指責時，SP型領導者會尋找一些積極的理由為自己的行為辯解。比如，當SP型領導者開會遲到時，會說自己實際上給大家創造一個自由交流的機會。如果這種辯解不能奏效，SP型領導者會立刻轉移話題，轉而批評別的事情或團隊中犯過錯誤的員工。當SP型領導者的思維從一個想法跳到另一個想法時，這種自我辯解或者指責行為會頻繁發生，這是因為SP型領導者在極力避免痛苦和不舒服的感覺。

SP型領導者所面臨的挑戰可以用一個詞來概況，那就是「專注」。他們在面對截止期限或者其他形式的壓力時，會專注於工作的交付計畫和細節。當SP型領導者專注於自己時，會變得比較內省，沉浸在自己的世界中，或者讀書，或者反省，這樣他們才會感覺安全和輕鬆。

☆成為卓越領導者

放慢自己的腳步。SP型領導者至少要放慢50%的個人速度，多關注團隊其他成員的感受，說話不要那麼快、那麼多，要學會放慢呼吸的頻率。

學會發現團隊成員的批評中包含的正確觀點。SP型領導者在面對批評時不要立刻開始自我辯解，不要轉而指責對方，或者針鋒相對，以批評對抗批評。因為「以牙還牙」一定換來「以眼還眼」，多數情況下，員工的這種反抗不會體現在表面，但會反映在工作中，影響完成任務的效率。遇到這種情況，SP型領導者應該捫心自問：「這些批評意見中哪些內容是正確的？我能從中學到什麼？即使不正確的意見，也是對我工作的一種勉勵。」

堅持完成自己的任務。當SP型領導者開始運行一個計畫時，要堅持完成，不要半途又開始其他新的計畫。同時要關注團隊成員的工作狀態和工作滿意度，仔細評估團隊完成新計畫的可能性，發揮團隊中其他成員的優勢，積極聽取員工對新專案的建議。要記住「自己喜歡的，並不一定代表團隊成員也熱衷」。

◆策略3：積極評價，鼓勵團隊成員不斷努力

勸說NF型領導者的任務就是評價每個團隊成員的優點和缺點，然後鼓勵和推動員工為實現公司、團隊和自己的目標不斷努力。（表七）

表七　勸說 NF 型領導者的優缺點

領　導　優　勢	領　導　劣　勢
建立出色的人際關係	遷就、討好
認同和理解別人的感受	不夠直率
支持、慷慨、積極	很難拒絕別人
樂觀、熱情	不受賞識時變得憤怒
討人喜歡的	意識不到自己的需要
負責任、認真	過分強調人際關係
洞察別人的需要	當他人被錯誤對待時感到憤怒
激勵他人	意識不到「自己的付出是為了回報」

☆領導風格

在致力於幫助別人時，NF型領導者往往會忘了自身的需要，有時甚至達到了一種自我忽略的地步，這不僅會造成對他人的依賴，也會讓對方產生依賴，這兩種依賴都不利於建立積極和適度的人際關係，有時還可能漏掉需要幫助的人。

NF型領導者的辦公室裡總是同時站著好幾位員工，而外邊還等著幾個，他們喜歡聆聽、幫助同事，讓同事感覺舒服一些或工作更努力一些。如果某位員工看起來不能完成任務，NF型領導者不會採取批評、打擊、挖苦、施壓的方式來指導員工，他們會熱情地施以援手，或派遣自己信得過的員工提供幫助。

專注於別人的幸福、安樂和滿足，使NF型領導者幾乎沒有時間關心自己的需要。一方面，在想到「我怎麼辦」這個問題的時候，他們會產生沮喪情緒；另一方面，在很多時候，NF型領導者根本意識不到自己的需要，集中精力在別人身上帶來的後果就是不再關注自己。如果這時有人問到NF型領導者需要些什麼，他們要麼露出困惑的表情，要麼直接回應「我需要被別人需要感覺」。

NF型領導者在公司裡往往有很多朋友，而這也可能導致一些內部衝突。他們內心也很糾結，他們總是想到下面這些問題：一個公司裡，我怎麼能關照到每位同事？我同時和這麼多員工建立了友好關係，但是他們可能在工作方式、性格和觀念上有所不同，如果他們同時出現在我的辦公室，我該怎麼做呢？然而，如果NF型領導者感覺某位同事濫用權力，他們的內心就不會再有究竟要幫助哪一方的壓力，而是會堅定地支持受害一方，不管濫用權力的是管理人員還是普通員工，他們都會一視同仁。

NF型領導者最困難的一個問題還在於他們深埋在心底的「付出是為了獲取回報」的想法。NF型領導者覺得自己非常慷慨，他們的確也是這樣做的。然而，這種無私的表象下面也包含著強烈的要求回報的渴望。

儘管單純地說一聲「謝謝」以及留下感謝的便條，也會讓NF型領導者感覺不錯，但他們更希望幫助過的人喜歡、認可和欣賞自己：認為自己是不可或缺的，或值得尊敬的好上司。如果NF型領導者得到了這種回報，內心會深深地感到滿足，如果對方沒有清楚地表示感激，NF型領導者會感到沮喪、失望、憤怒，或三種情感都有。這種渴望回報的心理，其實是NF型人希望成為「聖賢」的願望在領導行為中的具體反映。

當NF型領導者面對一些不公平的事情，或者有些人受到傷害時，他們一定會抗爭到底，這時NF型領導者在壓力下可能表現出SP型人的某些特徵。奮鬥者模式（ENFP）的領導者更容易出現這狀況。

有時，NF型領導者在長時間的內心掙扎或結束了費心費力的工作後，也會抽時間關注自己；或者在內心反省的時候捫心自問「我的需要是什麼？」然後開始暫時放縱自己，享受生活所帶來的樂趣，比如投入一些藝術愛好中，或者思索一些哲學問題。這時NF型領導者已經徹底放鬆，表現出NT型人的某些特徵。輔導者模式（INFJ）的領導者更容易出現這種情況。

☆成為卓越領導者

NF型領導者應該學會說「不」。在適當的時候對工作說「不」，以免過度消耗自己的精力，透支自己的能量，影響健康，犧牲對家庭和子女的關注，或者出現內心紊亂，使痛苦、沮喪、憤怒和不滿不斷積累。

NF型領導者應該減少團隊成員對自己的依賴。把工作交給同事去處理，讓他們做決定、尋找解決問題的路徑，而不要事事都自己處理。

NF型領導者在管理時，應該更客觀、少一點情緒化。當NF型領導者親切地對待那些讓自己感覺不錯的員工，而對那些挑戰自己或厭惡的人予以否定時，要記住「三思而後行」，因為自己所做的評價和決定不一定是最好的，要更加關注策略和工作本身，而不是人。

◆策略4：求同存異，創建實現目標的環境

實幹NF型領導者還有一項任務就是在團隊成員理解了公司、團隊和自己的目標時，求同存異，創建一個能夠達成最終成果的環境。（表八）

表八　實幹 NF 型領導者的優缺點

領導優勢	領導劣勢
以任務和成功為導向	過於偏好競爭
精力旺盛	並不總是非常友善
善於理解員工的心聲	生硬、強勢
善於解決難題	隱藏內心的感受
樂觀、積極	過於分散自己的精力
具有企業家精神和能力	沒有足夠的時間關注自己的人際關係
自信、果斷、敢於面對	對別人的感受覺得不耐煩
達成結果	相信自己的形象真實地反映了自己

☆領導風格

在不懈地追求成功的時候，NF型領導者往往犧牲了更深層的人的需求，包括自己的感受和周圍人們的感受。

NF型領導者往往非常成功，隨著時間的推移，他們已經學會對周圍形勢進行精準的判斷，知道成功需要哪些條件，並為了迎接這些挑戰隨時調整自己的目標和行為。精力充沛，以目標為中心，NF型領導者總是一心專注於結果，尋求人們的認同和肯定。他們往往只關心做些什麼，卻絲毫不留意內心的感受：享受目前這一時刻的歡樂，與工作環境以外的朋友和諧相處，把時間花在私人生活所帶來的幸福感。這些都是NF型領導者常常忽視的感受。

因為NF型領導者屬於「以情緒為中心」的人，因此人們有時會奇怪為什麼他們不願意處理內心感受問題，不管是自己的還是別人的。事實上，NF型領導者對內心感受非常感興趣，然而一旦他們開始關注某人的感受，目的往往是要贏得對方的尊重或敬畏。很多NF型領導者非常瞭解自己在這方面的想法，因此他們不願意花太多時間考慮或者分享感受，避免給他人造成壓力。

NF型領導者有時也會處理一些必須面對的感受，然而一旦處理完成，他們又會返回到工作和目標上去。還有一些NF型領導者雖然也試圖對感受問題進行歸納、總結和反思，但卻無法分辨出不同感受之間的差別。NF型領導者之所以識別不出這些細小的差異，一是由於缺乏進一步探討的動機，二是事件太少，不願付諸行動。畢竟NF型領導者更願意關心做什麼而不是感受什麼。

NF型領導者的確喜歡肯定、積極的感受，只要不是過於強烈，因為這些樂觀的想法可以支持他們繼續前行，為實現目標服務，符合NF型領導者信奉的「只要有利，一切都可用」的實用主義領導風格。在生活和工作中，積極和消極的情緒並存；而消極的情緒，不管是自己的還是別人的，都會影響到NF型領導者樂觀的態度。一些感受，比如憤怒、傷心和恐懼，都和NF型領導者極力想要避免的事情聯繫在一起：失敗的可能性，成功的不確定性。

如果要詢問NF型領導者是否經歷過失敗，他們最通常的反應要麼是困惑於這個問題的意圖，要麼會直接反問：「你說的失敗指的是什麼？」如果NF型領導者的確經歷過失敗，他們也會用另一個名字來替換它，將失敗稱為「值得學習的經歷」。這個說法雖然偷換了概念，但卻能讓NF型領導者重新解讀讓人痛苦、失望、沮喪和尷尬的人生經歷，也是非常貼切和有用的，因為NF型領導者善於反思，真心希望從失敗中吸取經驗教訓，確保不再犯同樣的錯誤。

如果NF型領導者覺得壓力過大或者非常擔憂，感到不安，他們會採取延緩的策略，暫時停止前進，然後從事一些能幫助他們暫時忘記憂慮的活動。有時，NF型領導者不再過分驅使自己工作，而是放下重擔，開始考慮自己內心對不同事件、人們的各種想法和感受。這時NF型領導者會暫時忘記煩惱，表現出NT型人的某些特徵。輔導者模式（INFJ）的領導者更容易使用這兩種策略。

☆成為卓越領導者

NF型領導者應該多關注一下自己的行為對他人的影響。NF型領導者對目標實現和效率的雙重關注可能導致對人的忽視。他們應該告誡自己「在每次做決定以及對結果要求非常嚴格時，別忘了分析一下可能對別人造成的影響」。

要學會減輕自己的競爭意識。記住，不是所有的事情都是一場競賽，非要分出個勝負。不要把和別人的談話變成一場針鋒相對的辯論。NF型領導者要注意發揮自己坦率、包容和友善的特點，重視與別人進行協作的重要性。

有意識地完全瞭解真實的自己。NF型領導者天生具有「進行自我實現，發現真我」的天賦，只是有時會被壓力、焦慮和不安遮蔽，轉向對工作和目標的關注。當NF型領導者覺得自己開始偏離自己的這種天賦，應該有意識地停一會兒，反思自己的行為，然而將偏離的行動調會正常的軌道。

◆策略5：創建和諧團隊，給予關照支持

戰略NT型領導者的任務就是創造一個結構清晰、和諧友善的工作環境，並給予團隊成員關照與支持，促使大家共同努力完成集體的計畫。（表九）

表九　戰略 NT 型領導者的優缺點

領導優勢	領導劣勢
老練、圓滑	逃避衝突
通過關注運營的細節抓住關鍵、有戰略遠見	有所保留
悠閒、輕鬆	認不清輕重緩急
穩定、沉穩、穩健	拖拖拉拉、猶豫延遲、瞻前顧後
包容、協作	面對壓力時採取消極抵抗的方式
發展持久的人際關係	優柔寡斷，為了和睦選擇順從
耐心	不確定性
支持、關照	精力分散、疲憊

☆領導風格

NT型領導者看重協作精神，願意提供清晰的規劃、時刻關注運營過程中的最新細節，他們創建的團隊往往和諧融洽，但具有逃避衝突、回應緩慢、謹小慎微的缺點。

NT型領導者往往會創建一個包容、協作、和睦的工作環境，促使大家共同努力完成工作。NT型領導者享受運營公司的複雜過程，以及隨之而來的挑戰和任務，員工通常會發現他們容易接近，願意向員工提供幫助。一般來說，NT型領導者不喜歡過於直白地發表個人觀點，他們傳遞觀點的方式往往簡潔、含蓄和抽象，但對員工卻非常關注，而員工也覺得NT型領導者的言行鼓舞人心，讓人滿意。

通過收集公司的細節資訊以及自身運營管理的才能，NT型領導者往往能抓住關鍵問題，極富戰略遠見。他們希望瞭解事情的進展，每天都關注著公司的運轉細節。這種方式雖然有用，但也會造成很大的障礙，尤其表現在NT型領導者的辦公桌上：堆滿了等待批閱的公文。這種要檢查所有訊息的領導風格，加上NT型領導者瞻前顧後的特徵，會導致公司或團隊停止運轉，或者至少也會讓很多員工因為沒有等到上司的批示而不得不停下手中的任務。

儘管NT型領導者都非常努力，但往往還是會拖延任務的完成，有些時候，他們分辨不清工作的輕重緩急。面對多個任務，NT型領導者不是先完成最緊要的任務，而是開始一個新任務，再進行另一個，完全忘了第一個任務還需要自己的投入，然後又會開始第四、第五個。在厭倦了一切後，NT型領導者可能會選擇「眼不見為淨」的策略，出去散步、慢跑、休息一下。

NT型領導者並不想拖延工作，造成這種領導劣勢的原因是，他們的實用主義在起作用，當NT型領導者感到還沒有找到「方式和結果之間的關係」，還沒有發現「最有效的辦法」時，他們往往會停下這個任務，在沒有找到更高效的解決方案前，他們會投入到其他任務中去。這樣的惡性循環在別人眼中就會變成一種拖延作風。

無法分清輕重緩急還與NT型領導者想要逃避衝突的想法聯繫在一起。他們雖然善於創建和諧的工作氛圍，擅長調節分歧、達成一致意見，但如果遇到可能破壞和諧氣氛的時候，NT型領導者是不願意做出決定或者可能引發衝突的事情，以防在工作環境中產生一些不和睦的因素或者導致員工的憤怒。做決定就意味著有些人可能不會同意自己的觀點，而對一方有益的決定會讓另一方不開心。最好的辦法就是暫緩工作的進行。衝突往往讓NT型領導者覺得不舒服，他們尤其厭惡那些直接針對自己的憤怒，所以NT型領導者寧可拖延目標的完成，也會竭盡全力保護和睦，不讓員工感到煩惱。最終，NT型領導者雖然會完成所有任務，但往往很不準時，投入的成本和精力也會更高。

NT型領導者不太堅持己見，也不喜歡對他人提出過分的要求，這種謙遜、低調的作風可以為他們贏得員工的愛戴。然而讓NT型領導者感到沮喪的是，很多時候，人們往往不像對待別人那樣重視他們的觀點，這會讓NT型領導者有一種被忽略的感覺。這種結果的始作俑者正是他們自己，由於NT型領導者總是採取一種隨便、謙遜、內斂、簡單的方式表達自己的觀點，別人也許根本意識不到這個觀點是他們強烈堅持的。

在面對複雜的問題時，NT型領導者會提供多種不同的觀點，並對這些觀點如何發揮作用做出解釋。在討論那些沒有直接牽扯到自己的衝突或決定時，NT型領導者也會把雙方的觀點都羅列出來，或者只提出一方未表達出來的觀點。他們認為所有不同觀點都應該被考慮到，包括會引發衝突的觀點，有時NT型領導者這種行為，讓員工很難分辨出他們的立場。

即使在處理一些對自己非常重要的問題時，NT型領導者這種不會直接表達觀點的言談特點仍然非常明顯。比如，絕大多數NT型領導者願意按照自己的時間表做出決定，如果覺得有人在逼迫自己做些別的什麼事情，他們的內心往往會非常不滿，但又不會直接表示拒絕；他們可能的反應就是什麼也不說，什麼也不做。在有壓力的狀態下，這種消極抵抗的行為方式表明NT型領導者不願意和別人直接對抗，從而能避免衝突；然而這往往也會讓別人對NT型領導者真實的決定和計畫感到茫然不知所措。

NT型領導者不喜歡命令，在感受到壓力時，他們往往會變得激動、尖刻、內心充滿懷疑。他們可能會質疑別人的動機，或者表達一些對別人苛刻的負面評價。NT型領導者感覺舒適和放鬆的時候，工作起來效率會很高，對結果非常關注，這時他們會表現出NT型人實幹的特點。

☆成為卓越領導者

要學會更多地表達自己。取代那種首先要瞭解別人想法的行為方式，應該敢於表達自己的看法和感受，然後聽取他人的回饋意見。

強調那些最重要的事情。談話時不要再長篇大論，列舉太多的細節、模型、資料和專業術語；要向SP型領導者學習聚焦，嘗試著突出那些自己認為重要的論點，就像是進行PowerPoint簡報一樣。

完成辦公桌上堆積的工作。不要因為自己手中堆積了太多的工作，阻礙公司或團隊的正常運轉。

◆策略6：創造穩定的環境，共同解決問題

探索NT型領導者的另一項任務就是發展創造性地解決問題的環境，讓每個團隊成員都有一種歸屬感和安全感，覺得自己是團隊中不可或缺的一員，從而促使問題最終得到解決。（表十）

☆領導風格

喜歡懷疑的本性，再加上對他人、自己、周圍環境的敏銳洞察力，NT型領導者創建的工作氛圍，要麼具有極高的忠誠度，要麼彼此之間互不信任，要麼兩種情況來回變動。

NT型領導者可以給自己的團隊成員帶來激勵，但有時也會讓員工感到困惑。這是因為他們有時表現得大膽、自信，有時又會退縮、畏懼，這種極端的領導行為，讓員工開始懷疑：「在這交替出現的自信和畏懼後面究竟隱藏著什麼？」上述兩種矛盾的表現都是NT型領導者領導素質的組成部分。

表十　探索 NT 型領導者的優缺點

領導優勢	領導劣勢
對公司和員工保持忠誠	警惕、懷疑
負責任、責任感強	憂慮、焦躁
有實際經驗	過於順從或過於挑戰
協作、協調和平衡	不喜歡模棱兩可
戰略性、全域感、預見性	分析能力會暫時中斷
才思敏捷	把自己的想法強加於人
堅定不移	防禦性強
善於預見問題、前瞻性	犧牲自我，否定自己

在NT型領導者感受到潛在的問題後，他們可能表現得非常大膽、過於自信，這背後有兩個完全不同的原因：第一個原因，在NT型領導者擔心或者害怕的時候，他們可能會繞開內心的憂慮，迎接挑戰，全力以赴處理問題，就像一點都不畏懼困難一樣，這種直面問題的反應就是NT型領導者的「反恐懼」措施：直接對抗恐懼、憂慮和困難。第二個原因，如果NT型領導者對解決問題的方案非常自信，也會表現得這樣勇敢。

NT型領導者如果還在質疑自己、他人或周圍的形勢，他們的表現會和上面介紹的完全相反，這種反應可以被稱「畏懼反應或恐懼反應」。內心的恐懼，再加上隨後要介紹的「NT型領導者分析能力的暫時中斷」，會使NT型領導者保持不動、反應遲緩、畏手畏腳。有些NT型領導者認為是自己忘記處理問題，其實，他們只不過還不確定如何行動。

NT型領導者往往會把注意力集中到權威人物身上，哪怕自己也是領導團隊中的一員。在NT型領導者看來，領導者的任務就是公平地使用權力，不要讓任何人成為濫用權力的受害者。因此，NT型領導者和權威人物之間的關係往往是非常矛盾的。有時，他們和老闆是朋友，維持著和諧、長久的忠誠關係；有時，他們又會強烈地反抗權威，尤其是在沒有安全感或者覺得權威在濫用權力的時候；有時，NT型領導者還會交替表現出上述兩種不同行為。

NT型領導者和自己的上司之間的關係可能是積極的、消極的或者二者都有，這取決於他們是否信任自己的上司、是否同意上司做出的決定、上司是否給了他們足夠的支援、關注和尊重等條件。而NT型領導者和自己團隊成員之間卻有著非常親密的關係，當然前提是這些員工忠於自己和公司時。對NT型領導者來說，忠誠是一個關鍵問題：因為他們無論是對公司、團隊還是自己的上司都無比忠誠，同時也會盡全力保護自己的員工。作為回報，NT型領導者也希望得到下屬的一貫支持，對工作的無私奉獻，對團隊的長期忠誠。

對那些和自己志趣相投的同事，NT型領導者經常和他們建立起戰略同盟的關係，這種工作友誼可以達到多個目的。如果NT型領導者在團隊面前發表了一個有爭議的觀點，這說明他們相信團隊中的大部分成員會支持自己。這種特殊的關係還使NT型領導者在工作中或私下有交流的物件：工作中，雙方可以討論一下各自的觀點並決定表達的方式。私底下，如果NT型領導者對自己所說的內容以及別人的反應感覺不舒服或焦慮，他們可以和信任的人談一談自己的感受。

NT型領導者在感到害怕或恐懼的時候可能會表現得不太活躍，但在對抗畏懼和不安的時候也會採取非常大膽的行動。然而，面對較輕或者中度的壓力，NT型領導者也會把精力集中到結果上，表現出自己的條理和決斷力，這時NT型領導者可能表現出SP型人的某些特徵。奮鬥者模式（ENFP）的領導者更容易這樣回應壓力。

當憂慮減輕時，NT型領導者也會沉浸在一些讓自己滿足、輕鬆和喜悅的活動中，比如散步、爬山、寫作、看書或者其他一些讓人放鬆的消遣娛樂。這時NT型領導者會感到安全，表現出NF型人的某些特徵。奮鬥者模式（ENFP）的領導者更容易出現這種狀態。

☆成為卓越領導者

要學會處理好自己和權威人物的關係。認真思索一下自己以往與上司以及權威人物之間的關係，尤其是那些破壞自己職業生涯或傷害了其他同事的事件，然後從中吸取經驗。

要學會控制自己的焦慮情緒。在剛剛發現了一些焦慮的苗頭時就應該採取措施，積極干預和控制，然後通過一些方式來減輕焦慮的破壞性，比如談話、散步、聽音樂、旅遊或者其他有效的方法，而不是去設想一些最壞的場景。記住「煩惱並不能解決問題」。

要培養和發現旗鼓相當的對手。在熱切地尋找忠誠的同時，別忘了從和自己志趣相投的同事以及下屬中間發現、培養一些真正的對手。要記住「真正的對手才是自己作為領導者成長和發展的推動力」。

◆策略7：給團隊設定清晰的目標

分析SJ型領導者的任務就是設定清晰的目標，監督、督導和鼓舞他人更高品質地完成任務。（表十一）

表十一　分析 SJ 型領導者的優缺點

領　導　優　勢	領　導　劣　勢
使用實例進行引導	對刺激易起反應
努力追求品質	過於挑剔
追求完美	受到批評時開始自我辯護
有組織、有秩序	意識不到自己的憤怒
穩定、安全	過於關注細節
感覺敏銳	受控制
誠實	固執己見

☆領導風格

在不懈地追求完美和品質的過程中，SJ型領導者在極近病態地耗盡自身能量的同時，也讓其他人不斷感覺到自己的不足，不斷被SJ型領導者人批評，或者被過度約束。

在公司裡，SJ型領導者通常會將某些工作和行為設定為值得模仿的標準，為的是讓其他人不同程度地競相仿效。**由於內心追求品質的天性，SJ型領導者會竭盡全力確保完成的工作井井有條、符合要求，而員工也都被安排在了正確的位置上**。他們常說：「好，但還永遠不夠好，任何事情都要完成得百分之百完美。」

即使SJ型領導者已經全力控制自己愛挑剔的特性，別人還是能夠感受到來自他們的批評，這種判斷源于SJ型領導者的非言語行為以及他們說過和未說過的內容。比如，SJ型領導者對一個人優秀的工作表現進行了熱情洋溢的贊揚，而對另一個人不那麼完美的表現保持沉默，這種行為實際上就等同於一種批評。

SJ型領導者總是很親切地和他人交流，同時力求自己的行為無可指責。比如，在瞭解了一個員工的優點和缺陷後，SJ型領導者也不願意在第三者面前做出對這位員工的負面評價。首先，他們認為在別人面前貶低另一個人是一種不尊重他人的表現，同時也樹立了一個壞榜樣；其次，SJ型領導者很清楚，即使自己對他人的印象如此強烈，推論仍然有可能出錯，因此在沒有充足證據支持的情況下，他們絕不會故意冒險傷害別人，因為這可能引發衝突。

儘管可能不那麼明顯，但事實上，SJ型領導者對自己的苛求程度遠遠超過對待他人。由於內心偏好自我批評的習慣，他們往往能感受到來自別人的負面回饋意見，不管這些意見是含蓄的還是明確表達出來的，而這些SJ型領導者認為的批評性回饋又會導致內心的自我貶低。當SJ型領導者聽到批評意見時，他們的第一反應往往是自我辯護，以證明對方是錯誤的。稍後，他們才開始重新考慮那些回饋，有時甚至會向對方表達歉意。**對絕大多數SJ型領導者來說，自我改善是伴隨一生的任務。而誠實，尤其是和偏見的自我認識相聯繫時，就會成為SJ型領導者核心的價值標準**。

另外，如果SJ型領導者並不同意別人的批評意見，他們可能什麼也不會說，但內心卻開始壓抑一種怨恨的感覺。這些未經表達的感受會隨著時間的流逝不斷積累，然後會在無法預想的情況下爆發出來；而這些怒火針對的可能是很久以前發生的事情或某個人的行為。當然，SJ型領導者有時也會詳細闡述自己的感受，但這只在他們信任對方的情況下才會發生。

如果SJ型領導者在很長一段時間裡充滿怨恨、憤怒和沮喪，他們會感覺失望，這時他們會表現出NT型人的某些特徵。另外，SJ型領導者在放鬆時，尤其是遠離工作和責任的時候，會變得非常愉快、充滿興致，這時他們會展現出SP型人的特徵。

☆成為卓越領導者

把「有效」而不是「正確」作為衡量標準。每次在對別人產生強烈不滿、在堅持己見，或者在相信某種特定做法才是正確的時候，SJ型領導者要學會嘗試詢問自己一個問題「正確或者有效，我更傾向於哪一個？」

把工作更多地委託給別人。SJ型領導者應該記住下面幾個原則：把整個任務委託給別人，而不只是其中的一個部分；主動和對方討論一下任務的目標、時間規劃、交付條件以及實施過程；定期察看工作效果；積極地評價可以帶給別人鼓勵。

讓工作充滿更多樂趣。SJ型領導者應該讓工作少一些緊張，多一點快樂。比如，把最喜歡的照片放在桌子上；把好喝的茶和點心與大家分享；顯示自己的幽默，讓他人感受到自己輕鬆的一面；傳閱一些有趣的文章，包括少許的「心靈雞湯」。

◆策略8：創建有效的團隊，提供後勤支援

協作SJ型領導者的另一項任務就是通過調查、審議和規劃，創建一個有效的團隊，促使所有系統配合良好，然後提供後勤支持，使大家為了一個共同的使命而努力奮鬥。（表十二）

表十二　協作 SJ 型領導者的優缺點

領導優勢	領導劣勢
愛分析	割裂
具有洞察力	冷淡
客觀	過於獨立
有條理	有保留
充分規劃	對人際關係不夠重視
緊要關頭有卓越表現	不願意和他人分享資訊
堅持、堅忍	頑固
老練	對他人挑剔

☆領導風格

由於沉默寡言的傾向以及對知識的不斷追求，SJ型領導者有時並不能讓別人充分感受到自己的才幹，同時管理的團隊也會缺少一些情感要素。

在採取一些戰略性步驟之前，SJ型領導者需要對公司有一個完整的瞭解。一旦掌握了公司內部的結構，比如戰略、組織結構、企業文化、技能、報酬等複雜因素之後，他們會把這些片段放在大的發展趨勢中去，開始收集公司資源，最後採取行動。SJ型領導者進行的這種嚴苛的事先分析會花費很多時間，但結果證明這是完全有必要的。有時，這些分析對結果也許毫無作用，甚至是在做無用功，但正是這種事前的「三思而後行」，使SJ型領導者不會犯實質性錯誤，畢竟在他們的字典中「安全最重要」。

SJ型領導者也會選擇合作或積極溝通，但做這些的目的都是保證品質，一旦達到了目的，他們就會停止或減少這些情感投入。大多數情況下，SJ型領導者會忽略自己以及公司的情感生活。當感覺或情緒出現的時候，他們往往會下意識地迴避，事後才會逐漸察覺到自己當時的真實感受：這種感受可能更深，也可能很淺。「事後」可能是幾分鐘、幾個小時之後，但也可能是幾個月之後。由於SJ型領導者並不會把情感，不管是自己的還是他人的，完全包括到組織這個綜合體中，因此他們做出的一些決定可能是不完整的。另外，如果不考慮員工的感受，他們也會有一種不被認可或者不被激勵的感覺。

這並不是說SJ型領導者對自己或他人的需要從不做回應。事實上，當感情問題非常嚴重時，不管是個人的還是公司的，SJ型領導者都會表現得非常堅定。他們的注意力全部集中在相關的事情和人身上，SJ型領導者更是在整個過程都會待在現場。由於自身具有的客觀性，SJ型領導者可以說是卓越的危機處理人員，他們始終保持著頭腦冷靜，卻又不忘關心深陷危機中的個人。

SJ型領導者不管在工作環境中還是在非工作場合，都不願意和別人分享個人資訊。在他們看來，這種資訊和工作無關；同時，討論這種問題也是對隱私的一種侵犯，這對SJ型領導者來說非常嚴重。另外，SJ型領導者非常看重自主權和自力更生的價值，他們只在有需要的時候才會依賴別人，包括對權威的信賴，因為權威可以幫助他們實現安全感。

SJ型領導者也不喜歡來自他人的突襲、自己不太同意的期望或者要求。比如，一些來自他人的要求往往牽扯到花費時間或者分享某些訊息，這是SJ型領導者不願意投入和給予的。儘管他們喜歡與人接觸、渴望聯繫，但更推崇與他人保持距離，SJ型領導者會為自己劃定一個私人空間，向別人清楚表明什麼時候可以進來，什麼時候決不要擅自闖入。

SJ型領導者喜歡觀察生活，對他人具有敏銳的洞察力。對知識的渴求使他們從書本或者其他地方獲取了大量的資訊。除了自身的才幹和掌握的知識，SJ型領導者還具有幽默感，只是他們不願意展示自己這種才能。他們不喜歡別人的注視或者談論，也真心地不願意影響別人或者把自己的觀點強加給別人。基本上，推銷，尤其是推銷自己，可以說是對SJ型領導者真正的挑戰。

然而，有時SJ型領導者也會表現得大膽、風趣、極富交際能力。這種改變有兩個原因：第一，因為和對方的交流讓人感覺非常舒適；第二，必須要這樣做，比如為了按時按質完成任務，在公共場所發表演講等。第二種給人帶來壓力的場合，SJ型領導者往往會變得更加外向、優雅、善於合作，供給者（ＥＳＦＪ）模式的SJ型領導者這種表現尤其突出，這時他們會顯現出NF型人的特徵。在極度舒適的情況下，SJ型領導者也會開始發號施令，在面對新情況時心中也充滿著能量和自信，這時他們會表現出SP型人的特徵。

☆成為卓越領導者

專注於團隊的相互依賴關係。幫助團隊改善彼此之間工作的銜接，加強協作關係，而不是將精力放在如何發揮個體才幹和自主權方面。這方面，要向SP型人學習。

更多地關注人際策略。瞭解到哪些人將要參與任務後，試著以有效的方式影響他們，而不對這些社會關係採取忽略、視而不見或者不夠關心的態度。這方面要向NF型人學習。

停止過度地分析和戰略制定，趕快行動。想並不等於做，分析不等於實際，戰略也不等於行動。況且SJ型領導者並不具有制定戰略的天賦，他們制定的戰略往往具有理想化的烙印，可行性不高。要記住「我們寧可在行動中犯錯誤，不斷改進，或者在不太確定如何操作的情況下尋求專家意見，也要快速轉到行動的軌道上去」。這方面，要向SP型人和NT型人學習制定切實可行的戰略。

2 改善我們的領導能力

ＭＢＴＩ八種卓越領導者的領導能力各不相同，但同樣都極具效率。一個領導者如何定義領導才能，往往決定著他的日常行為，反過來可能也是如此。我們分屬於不同的人格類型，具有各自的優點和缺點。我們的行為模式通過日常的成功或失敗得到進一步加固，而領導能力也基於自己的認識和體驗得到進一步發展。

每種ＭＢＴＩ人格類型的領導者都展現著領導能力某一方面的重要特點，我們可以從這八種天賦稟異的領導特質中獲益：（圖二十七）

- 主導型：挑戰和支配，推動關鍵工作的進行。
- 溫和型：活躍和選擇，極富創新精神，溫和靈活。
- 勸說型：給予和奉獻，為他人提供動力和服務。
- 實幹型：目標和實踐，追求結果。
- 戰略型：和諧與和睦，包容，追求一致。
- 探索型：質疑和懷疑，具有洞察力，善於規劃。

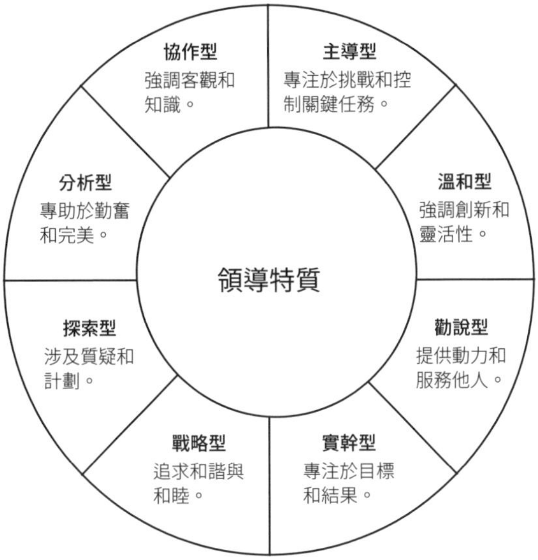

圖二十七　不同人格類型領導者的領導特質

- 分析型：勤奮與品質，追求完美。
- 協作型：知識與審視，強調客觀的重要性。

每種領導特質都能在特定的情形下發揮重要的作用：

- 關注品質的公司可以從分析型領導者追求完美的特點方面獲益不少。
- 士氣低落的公司則需要勸說型領導者，他們比較善於激勵員工的主動性。
- 如果一個公司在生產方面存在問題，那麼一個專注於結果的實幹型領導者會比較合適。
- 在公司發展的緊要關頭，協作型領導者可以利用其客觀性的特點為公司設定清晰的組織方針。
- 有些公司的管理理念和企業文化是先行動後提問題，那麼適合它的就是具有洞察力、善於規劃的探索型領導者。
- 溫和型領導者利用自己的創新和靈活，可以幫助那些停滯不前、自鳴得意的公司發展到新的高度。

- 如果公司在發展方向上存在危機，不知所措，舉步不前，就需要主導型領導者的幫助。他們可以「移山開路」、「遇水搭橋」，推動關鍵工作的進展。
- 戰略型領導者追求一致的個性特點，可以幫助公司創建一種包容與和諧的工作氛圍，為公司所有成員解除後顧之憂，在穩定的環境中達成一致的意見。

試想一下，在同一家公司中，每種不同類型的領導者發揮各自的領導特質，那麼這種綜合的領導才能以及由其決定的領導風格和行為將會得到顯著的擴大和豐富。如此一來，每個公司都會更有動力與活力，每個員工都會加倍努力，公司和員工的目標一致，效率也會更高，從而取得更大的成功。

每個人的領導風格都和自己的ＭＢＴＩ人格類型直接相連，因此我們可以充分利用ＭＢＴＩ這一有效的工具向前發展並擴展自己的領導能力。讓我們從下面這些建議開始做起：

- 欣賞和利用自己特殊的領導天賦。學會欣賞和管理自己與生俱來的特性也是一種挑戰。每個領導者具有的天賦都會吸引到自己的追隨者，我們應該認識自我，並學會欣賞自己的卓越領導力。
- 擴展自己有關領導才能的認知與觀點。我們對領導能力的定義或者價值觀決定著什麼對我們來說是重要的事情，而這會影響到我們領導行為。這些不同的價值觀並不必然是正確的或者錯誤的，它們發揮著很大的作用，但同時也限制著我們的行為。擴展自己對領導能力的認識和看法，這樣我們取得的成就也會隨之擴展。
- 適度發揮自己在領導才能方面的優點。但要時刻謹記，優點在過度利用時往往會轉化為缺點。我們應該瞭解自己的優勢，然後適度地加以利用，這樣還可以鼓勵我們將自己的技能擴展使用到新的領域，以一種新穎和富有成效的方式借助他人的優點。

• 認真對待那些可能會讓自己偏離軌道的事情。有些事情甚至可以導致最優秀的領導者偏離軌道，我們應該瞭解這些事情，並且在它們導致任何嚴重的問題之前做好預防措施。

• 徵求回饋意見。和熟悉自己的同事討論一下和自己人格類型相聯繫的優點以及那些可能會導致自己偏離軌道的事情，聽取他們誠懇的回饋意見，並和自己的領導風格和行為進行比較。

• 和輔導者一起工作。我們會發現，和一個有經驗的管理輔導者一起工作，會給自己帶來很大的幫助，最好這個輔導者還對MBTI，或者其他人格類型理論比較熟悉。在確定了自己和輔導者都一致同意的工作目標後，我們才可以深入領導者的本質，通過「性格領導力」來更好地理解自己的領導風格，同時還可以進一步考慮一些更深層次的問題。

• 敢於嘗試去做一些不同的事情。同時也敢於參與一些看起來和自己的領導風格完全不同的活動。這種嘗試和挑戰可以幫助我們從通常熟悉的行為模式的禁錮中走出來，從而成就最佳的自我。

結語　覺醒與改變：整個人、整個天賦、整個生命

假如你我的渴望有所不同，請不要對我說你的渴望微不足道。

假如你我之間的信仰有別，請不要將試圖糾正我信仰的想法付諸實踐。

假如在同樣的情景下，我的情緒不如你那樣緊張，或是緊張程度超過你，請不要試圖影響或改變我的感受。

假如我的行為不符合你所設計的行為方式，請不要對我橫加干涉；假如我果真遵循了你的行為方式，你也無須興高采烈，對我大加讚賞；一切皆應順其自然。

我並不要求你理解我，至少，在現在這一刻，我並沒有這樣的打算。事實上，現在的你也許正琢磨著如何才能將我變成你的「複製品」，而只有當你心甘情願放棄這一想法時，我才會提出這一要求，或者說，你才有可能會理解我。

假如你願意大度包容我的渴望或信仰，或是寬容地接納我的情緒、需要或行為，那麼，你便為自己的人生開闢了一種新的可能。

也許，有一天，你會覺得我的這些思維及行為方式並不像你當初認為的那樣；或者，最終，你會覺得他們看起來似乎並沒有任何不妥。那麼，請你理解我、包容我。

所謂包容，並不是簡單地認同我的天賦、認知、思想、行為和渴望，而是真正地理解它們，並且接納它們。

從此以後，你不會再因為我那看似任性的言行而暴躁不堪，或感到失望透頂。也許，有一天，就在你嘗試著理解我的同時，你會發現自己竟然也開始珍視彼此之間那些不同之處，你甚至會小心翼翼地呵護這些寶貴的「差異」。回想當初，你曾經想盡一切辦法，一心只想改變我，讓這些「差異」從世界上消失。

「我」可以是你的配偶、父母或孩子，也可以是你的朋友或同事。不過，無論我與你是何種關係，我都清楚地知道：我和你是兩名完全不同的擊鼓手，為了讓我們之間的擊鼓旋律保持和諧，我們只能努力地去包容彼此，並認真傾聽對方的擊鼓節奏。因為，雖然我們的天賦不同，認知相異，但卻可以一同覺醒，共同成長，攜手前進。

附錄一：MBTI 自我評量表

1. 評量表說明：

量表維度

本量表沒有分量表，直接以整體最終結果呈現個體在 MBTI 四個維度上的特徵。這四個維度分別為：SP（技藝者）、NF（理想者）、NT（理性者）與 SJ（護衛者），並從中衍生出 16 種人格類型。

量表效果

以心理類型理論和特質理論為基礎，能夠協助受測者識別在不同情境下的人格偏好。

2. MBTI 人格類型自評量表

以下問題請從 a 和 b 中擇一回答，並將答案填入評量表後附的表格當中。之後，再按照所提供的記分規則進行統計。本問卷上所有答案都沒有對錯，無論你選擇哪一項，在全部受測者中總有一半的人會贊同你的選擇。

1. 電話鈴聲響起時，你會……
   a 立即去接電話
   b 希望其他人去接電話

2. 以下哪項描述更貼近你……
   a 觀察力敏銳，卻常常忽視自我反省
   b 經常自我反省，但不夠觀察力敏銳

3. 在你看來，以下哪種情況更糟糕……
   a 過於關注想法和觀念，而忽略了事實
   b 墨守成規

4. 和人相處時，你通常會……
   a 堅決有餘，而隨和不足
   b 隨和有餘，而堅決不足

5. 以下何種行為會讓你感到更舒適……
   a 做出關鍵且必不可少的判斷
   b 做出有價值的判斷

6. 面對工作場所中的喧鬧和混亂，你會……
   a 花時間平息喧鬧，結束混亂局面
   b 泰然處之

7. 以下哪種情況更符合你的做事方式……
   a 迅速做出決定
   b 審時度勢，斟酌良久然後作出決定

8. 當你在排隊時，你常常會……
   a 與他人交談
   b 想事情或想問題

9. 以下哪項描述更貼近你……
   a 感知能力強於構思能力
   b 構思能力強於感知能力

10. 你對什麼更感興趣……
   a 實際存在的真實事物
   b 可能發生或存在的潛在事物

11. 你更可能依賴什麼來做決定……
   a 數據、資料
   b 願望、要求

12. 評價他人時，你會傾向於表現得……
   a 客觀，不帶個人感情色彩
   b 友好，有人情味

13. 你更傾向以何種方式簽訂合約或協定……
   a 簽字、蓋章、發送電子郵件或訊息
   b 握手達成契約

14. 以下哪種情況更能讓你感到滿足……
   a 已完成的工作成果
   b 不斷取得進展的工作過程

15. 在宴會上，你通常會……
   a 與多人進行交流，其中也包括陌生人
   b 只和一些朋友談話、交流

16. 你更傾向於……
  a 實幹重於探討
  b 探討重於實幹

17. 你更喜歡哪一類型的作家……
  a 語言直白，直述主題
  b 運用隱喻和象徵等修辭手法

18. 以下哪項更吸引你……
  a 連貫一致的思想
  b 和諧融洽的關係

19. 如果你一定要讓某人失望，你會……
  a 表現得很坦率，直言不諱
  b 表現得很友善，照顧感受

20. 在工作當中，你希望自己的各項工作……
  a 按部就班
  b 不受計劃限制

21. 你通常更喜歡……
  a 不能變更的總結陳詞
  b 試探性的開篇致辭

22. 與陌生人交流會讓你……
  a 精力充沛，充滿活力
  b 顯得更加保守、內斂

23. 你認為事實……
  a 能夠說明一切
  b 能夠闡明各項原則和原理

24. 你覺得理想主義者和理論家……
  a 有些討厭，惹人厭
  b 充滿魅力，相當迷人

25. 在一場激烈的討論當中，你會……
  a 堅持已見
  b 尋找大家的共識

26. 你更傾向於……
   a 公正
   b 寬容

27. 在工作當中，以下哪種做法讓你感到更自然……
   a 指出錯誤
   b 持續鼓勵

28. 哪種時刻會讓你感到更舒適……
   a 做出決定後
   b 做決定之前

29. 你傾向於……
   a 坦率地說出心中的想法
   b 時刻聆聽他人述說

30. 你認為常識……
   a 通常都是可靠的
   b 往往值得懷疑

31. 你認為孩子們通常都不會……
   a 做十分有用的事情
   b 充分地利用自己的想像力

32. 當你身為領導者管理他人時，你會傾向於表現得……
   a 嚴格
   b 寬容而隨和

33. 你通常都會表現得更……
   a 冷靜、沉著
   b 熱情、善良

34. 你更傾向於……
   a 抓緊一個論點，使其成為定論
   b 探索各種可能性和潛力

35. 在絕大多數情況下，你都會表現得……
   a 從容謹慎，不會聽從自發的衝動
   b 自然坦率，而不會思前想後、權衡再三

36. 你認為自己是一個……
a 外向開朗的人
b 內向緘默的人

37. 你通常都會表現為一個……
a 講求實際的人
b 沉緬於幻想的人

38. 你說話時……
a 注重細節和詳情多於注重普遍性和一般性
b 重視普遍性和一般性多過重視細節和詳情

39. 在你看來，以下哪句話更像是一句恭維和褒美的話……
a 此人善於邏輯推理，思維嚴謹
b 此人感情豐富，多愁善感

40. 你更容易受哪一項的支配……
a 你的思想
b 你的感情

41. 當一項工作完成時，你會……
a 進一步完成與之相關的所有細節
b 轉向其它工作

42. 工作時，你更喜歡……
a 有最後時限
b 沒有期限

43. 你是哪種人……
a 健談的人
b 善於聆聽的人

44. 你更傾向於接受……
a 直白、表達明確的話語
b 隱晦、富有寓意的話語

45. 通常，你會對什麼樣的事物更加留心……
a 正好出現在眼前的事物
b 想像當中出現的事物

46. 你認為，成為哪種人更糟糕……
   a 軟弱怯懦的人
   b 固執倔強的人

47. 在令人難堪的情況下，你有時候會顯得……
   a 過於無動於衷
   b 過於同情憐憫

48. 你在做選擇時，通常會……
   a 小心翼翼
   b 有些衝動

49. 你傾向於表現得……
   a 緊張迅速而非悠閒懶惰
   b 從容不迫而非匆忙不迭

50. 工作中，你傾向於……
   a 好交際，能夠與同事愉快地相處
   b 為自己保留更多的私人空間

51. 你更願意信賴……
   a 你的經驗
   b 你的觀念

52. 對待某件事情時，你更傾向於……
   a 實事求是
   b 有些偏離實際情況

53. 你認為自己是一個……
   a 意志堅定、不屈不撓的人
   b 軟心腸、心地善良的人

54. 你更看重自己的哪種品質……
   a 正確理性
   b 忠誠努力

55. 你通常都希望事情……
   a 已經安排妥當，做出決策
   b 處於暫定的狀態

56. 你會認為自己更……
  a 嚴肅而堅定
  b 隨和

57. 你認為自己是一個……
  a 善於談話的人
  b 善於聆聽的人

58. 你很珍視自己的何種能力……
  a 能夠牢牢地把握住現實
  b 擁有豐富的想像力

59. 你更關注……
  a 基本事實
  b 潛在含義

60. 以下哪種錯誤似乎更嚴重……
  a 同情心過於豐富
  b 過於冷漠

61. 你更容易受到什麼影響而動搖自己的觀點……
  a 令人信服的證據
  b 感人淚下的懇求

62. 什麼情況會讓你的感覺更好……
  a 一件事情或工作即將結束
  b 保留更多的選擇

63. 通常，你更願意……
  a 確定事情都已經安排妥當
  b 放任事情順其自然

64. 你更傾向於……
  a 易於接近
  b 略有些保守和靦腆

65. 你更喜歡什麼樣的故事……
  a 刺激的冒險故事
  b 充滿幻想的英雄故事

66. 對你而言，以下哪件事更容易……
 a 使他人各盡其用
 b 認同他人

67. 你更希望自己擁有……
 a 意志的力量
 b 情感的力量

68. 你認為自己基本上是……
 a 禁得住批評和侮辱
 b 禁不住批評和侮辱

69. 你通常更容易注意到……
 a 混亂
 b 改變的機遇

70. 你更喜歡……
 a 讓一切都有慣例或規則可循，討厭反覆無常
 b 不喜歡慣例或常規

(1) 答案卷

請將自己的選擇，按題號分別填入下表中的 a 欄或 b 欄中 ：

	a	b		a	b		a	b		a	b		a	b		a	b		a	b
1			2			3			4			5			6			7		
8			9			10			11			12			13			14		
15			16			17			18			19			20			21		
22			23			24			25			26			27			28		
29			30			31			32			33			34			35		
36			37			38			39			40			41			42		
43			44			45			46			47			48			49		
50			51			52			53			54			55			56		
57			58			59			60			61			62			63		
64			63			66			67			68			69			70		

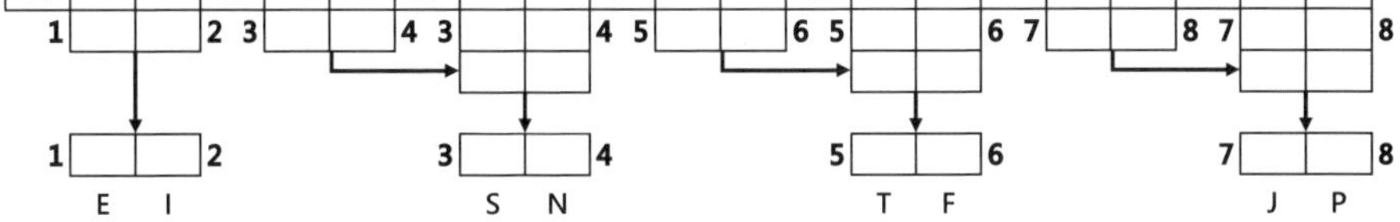

(2) 計分規則

A. 按表格所示，依次計算出每列 a 選項數目之和，並將其寫在每一列最下一行的空白表格中。（見下圖範例）同樣地，計算出每列 b 選項的數目之和。這樣，標有數字 1 ～ 8 的十四個空格中就都有了一個相應的數字。

B. 將 1 號空格中的數字下移至答卷下方獨立的標有數字 1 的空格之中。同樣地，再將 2 號空格中的數字下移。請注意，在標有數字 1 ～ 8 的十四個空格中，3 ～ 8 號空格各有兩個。你需要將前一個空格中的數字下移至第二個有相同標號的空格中，如箭頭所示，然後再將兩個相同標號空格中的數字相加，分別填寫在答卷下方獨立的另外六個空格當中。如此一來，答卷下方標有數字 1 ～ 8 的八個獨立的空格當中也就有了相應的數字。

C. 現在，答卷下方就出現了四組數字。從每組數字當中選取較大的那一個，並圈出其所對應的字母。（見下圖範例）如果一組數位中的兩個數位相等，則無須圈定本組的任何一個字母，而是以 X 代替。

範例

	a	b		a	b		a	b		a	b		a	b		a	b		a	b	
1	✓		2	✓		3	✓		4		✓	5		✓	6		✓	7		✓	
8	✓		9	✓		10	✓		11	✓		12		✓	13	✓		14	✓		
15	✓		16	✓		17	✓		18	✓		19		✓	20	✓		21	✓		
22		✓	23	✓		24	✓		25		✓	26		✓	27	✓		28	✓		
29	✓		30	✓		31		✓	32		✓	33		✓	34		✓	35	✓		
36	✓		37	✓		38	✓		39		✓	40		✓	41	✓		42	✓		
43		✓	44		✓	45	✓		46	✓		47		✓	48	✓		49		✓	
50	✓		51	✓		52	✓		53		✓	54	✓		55	✓		56	✓		
57	✓		58	✓		59	✓		60		✓	61		✓	62		✓	63		✓	
64	✓		63	✓		66		✓	67	✓		68		✓	69	✓		70	✓		
1	8	2	**2 3**	9	1	**4 3**	8	2	**4 5**	4	6	**6 5**	1	9	**6 7**	7	3	**8 7**	7	3	**8**

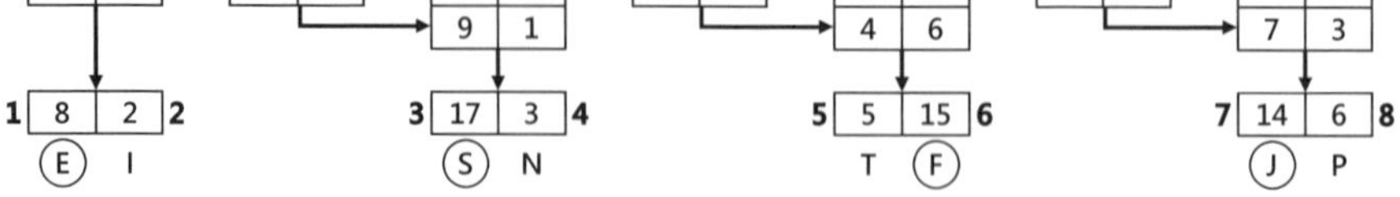

(3) 十六種組合類型

現在，你可以根據測試結果從下表中選出自己所屬的類型了。你應該屬於下列十六種類型當中的一種：

SP 型（技藝者）

ESTP - 宣導者
ISTP - 手藝者
ESFP - 表演者
ISFP - 製作者

NF 型（理想者）

ENFJ - 教育者
INFJ - 輔導者
ENFP - 奮鬥者
INFP - 醫治者

SJ 型（護衛者）

ESTJ - 監管者
ISTJ - 調查者
ESFJ - 供給者
ISFJ - 保護者

NT 型（理性者）

ENTJ - 指揮者
INTJ - 策劃者
ENTP - 發明者
INTP - 建造者

說明：

如果你的類型標籤中含有一個 X，你則需要閱讀與之相關的兩種類型的描述，然後從中挑選一種更符合你自身特點的類型。例如，你的類型標籤為 ESXJ，通過閱讀本書對 ESTJ（分析 SJ 型人）和 ESFJ（協作 SJ 型人）這兩類人的描述（向內管理、向外管理、向下管理），你就能從中選出更符合自己特徵的那一種類型。又或者，你的類型標籤為 XNFP，那麼，你就需要同時閱讀對 INFP 和 ENFP 這兩類型人的描述，然後再決定自己更像是哪一種類型的人。

附錄二：MBTI 職業類型表

SP 型人的職業類型

主導者	專業服務領域	會計師、律師、牙醫、工程師、法官、護士、醫師、校長、社工、技師
	資料管理和分析	分析師、審計人員、銀行從業人員、系統分析師、電腦領域專業人士、信用調查人員、電信工程師
	領導者和管理人員	企業家、各類型組織中的管理人員、各類型組織中的行政人員、勞動教育專業人員
溫和者	手工藝和技術領域	木匠、建築工人、電工、農藝栽培專業人員、實驗室技術人員、機械作業員、醫療器材作業員
	應急處理	重症護理人員、緊急事故處理人員、消防員、救生員、警員
	社會服務人員	體育教練、幼教老師、編輯、演員、康輔服務人員、記者、社工、社區服務人員、遊戲代理、餐飲服務人員
	銷售、市場行銷和談判人員	保險代理、行銷人員、調解員、談判人員、推銷員、房地產經紀人、銷售人員

NT 型人的職業類型

戰略者	健康護理	營養師、私人教練或者訓練師、治療專家（包括職業診斷師，按摩師）
	藝術、設計和諮詢	建築師、設計師、媒合人員、諮詢師、社工
	科技、手工藝和支持角色	生物學家、木匠、廚師、工程師、實驗室技術人員、行政助理、執行秘書
探索者	科技	數據分析師、軟體設計與開發、程式工程師、電腦專業人士、經濟學家、網路專家、機械作業員、調查員
	法律和醫療	律師、法官、法務助理、醫師、調查人員
	創造、戰略和管理	發明家、學者、理論家、戰略型企業家、企業策劃、諮詢顧問、市場行銷與策劃

NF 型人的職業類型

勸說者	輔助／教育領域	幼教老師、兒童福利專業人員、職業戒酒戒毒輔導人員、社工人員、特殊教育教師、社會志工
	健康保健領域	牙醫、營養師、家庭醫師、健康教育工作者、家政人員、護士、看護工、驗光師、藥劑師、心理諮詢師
	商業領域	行政管理人員、人力資源人員、後勤管理人員、公關人員、銷售人員、庫服人員
實幹者	藝術和娛樂	演員、藝術家、主持人、其他演藝從業人員、攝影師
	溝通	律師、策劃編輯、雜誌採編人員、新聞工作者、解說員、播音員、通信員、談判專家、社會科學家
	市場行銷	廣告策劃人員、市場銷售人員、公關人員、宣傳人員、商務工作者
	策劃和創作	會議策劃員、諮詢顧問、企業家、中高層管理人員、發明家、研究助理、策略規劃人員

SJ 型人的職業類型

分析者	保育機構／醫療	身心健康教練、動物醫師、醫師、藥劑師
	管理和行政	社會服務人員、教育機構的行政人員、矯正人員、監管人員
	其它服務業	電子電器技術工人、房地產仲介、法務助理、文字處理人員、圖書館館員
協作者	藝術和設計	建築師、設計師、藝術家
	諮詢、健康和教育	教育顧問、教師、學校管理者、社會科學家、物理學家、臨床醫學家、精神病學家、心理學家、社工人員
	研究和分析	律師、作家、研究人員

Horizon 視野 013

天賦覺醒

超強 MBTI 致勝法則，全方位開啟改變的原動力

【唯一附贈「MBTI 專屬測量表」，隨走隨測！】

作者　李亮

明白文化事業有限公司

社長暨總編輯　林奇伯
責任編輯　李宗洋
文稿校對　李宗洋、楊鎮魁
封面設計　兒日設計
內文排版　大光華印務部

出版　明白文化事業有限公司
地址：231 新北市新店區民權路 108-3 號 6 樓
電話：02-2218-1417　傳真：02- 8667-2166
發行　遠足文化事業股份有限公司（讀書共和國出版集團）
地址：231 新北市新店區民權路 108-2 號 9 樓
郵撥帳號：19504465 遠足文化事業股份有限公司
電話：02-2218-1417
讀書共和國客服信箱：service@bookrep.com.tw
讀書共和國網路書店：https://www.bookrep.com.tw
團體訂購請洽業務部：02-2218-1417 分機 1124
法律顧問　華洋法律事務所　蘇文生律師
印製　博創印藝文化事業有限公司
出版日期　2025 年 3 月初版
定價　450 元
ISBN　978-626-99329-3-1（平裝）
9786269865895（EPUB）
書號　3JHR0013

國家圖書館出版品預行編目 (CIP) 資料

天賦覺醒：超強 MBTI 致勝法則，全方位開啟改變的原動力 / 李亮著 . -- 初版 . -- 新北市 : 明白文化事業有限公司出版 : 遠足文化事業股份有限公司發行 , 2025.03
面；　公分 . -- (Horizon 視野 ; 13)
ISBN 978-626-99329-3-1(平裝)

1.CST: 組織管理 2.CST: 領導者 3.CST: 成功法

494.2　　113019183